喝汤是
一种生活态度
XIXIN MANDUN
YIWANTANG

戏戏·
戏心慢炖
一碗汤

戏戏 / 著

浙江出版联合集团
浙江科学技术出版社

图书在版编目(CIP)数据

戏戏·戏心慢炖一碗汤 / 戏戏著.—杭州：浙江科学技术出版社，2014.3
ISBN 978-7-5341-5932-9

Ⅰ.①戏… Ⅱ.①戏… Ⅲ.①汤菜—菜谱
Ⅳ.①TS972.122

中国版本图书馆 CIP 数据核字(2014)第 017037 号

书　　名	戏戏·戏心慢炖一碗汤				
著　　者	戏　戏				

出版发行　浙江科学技术出版社
杭州市体育场路 347 号　邮政编码：310006
联系电话：0571-85058048
浙江出版联合集团网址：http://www.zjcb.com

图文制作	杭州兴邦电子印务有限公司
印　　刷	杭州丰源印刷有限公司
经　　销	全国各地新华书店

开　　本	787×1092　1/16	印　张	10
字　　数	138 000		
版　　次	2014 年 3 月第 1 版　　2014 年 3 月第 1 次印刷		
书　　号	ISBN 978-7-5341-5932-9	定　价	38.00 元

责任编辑　王　群　刘　丹　　　　**责任美编**　金　晖
责任校对　王巧玲　　　　　　　　　**责任印务**　徐忠雷

🍲 汤水之爱 Tangshuizhiai

读万卷书,行万里路。

时不时放下一切,毫无负担地出发去行行走走,看看外面的世界,才可以抛弃自己那些坐井观天的偏见和成见,得到别样的全新的感受来丰富自己的经验。要有对比,才能知道自己有多幸福。

若非连续两年在大热天去北方旅行,我断不会知道北方的夏天如此清爽,大中午顶着烈日走在街上,丝毫没有汗流浃背、头晕目眩的感觉,甚至觉得轻松爽朗。而在南方,雨水会一直不停地下,正当你为这连绵不断的雨水感到气馁时,骄阳逮到一点机会就从云层后面露出半张脸,日头在上面热辣辣地晒着,地下的水汽争先恐后地升腾着,人就感觉像是在一个大蒸笼中的馒头,动弹不得,负面情绪膨胀、膨胀再膨胀……以前还不自觉,正是有了鲜明对比,我才能够深刻理解南方的瘴气是多么霸道。

瘴气,并不是特指某种气体,而是指南方山林中的恶浊之气,能致人疾病的有毒气体,故《岭外代答》中说:"南方凡病,皆谓之瘴。"瘴气是一种无形无踪的病源。根据野史记载,最初秦国南征,很多北方士兵来到岭南后,都有上吐下泻、水土不服的症状,据查正是因为岭南地区气候湿热,多瘴气,把秦国士兵折腾得够呛;明代伟大的旅行家徐霞客,慕名到了桂东南的大容山脚下,四度欲行却因为瘴气冲天引起身体不适,只好怅然离去……

既有瘴气,我有汤水。南方虽然湿热难耐,但却得天独厚地拥有丰富的中草药资源和四时花果。喉咙痛、感冒缠身、口臭、牙痛、腹泻、便秘,这些对岭南人来讲都是些经常性的小毛病,实在无足挂齿。无论是数九寒天,还是炎炎夏日,土生土长的岭南人固执地相信,这些小问题只需要回家喝一碗妈妈煲的老火靓汤就可以搞定。汤是美味的,喝下去是温暖的——与其说岭南人喝的是一碗老火汤,不如说喝的是一剂抚慰心灵的良药,一份被宠爱的温情。

不要小看眼前的一小碗汤水,之前要准备的功夫绝对不简单——猪肚要用粗盐反复搓洗,猪脑要耐心挑走每一条血筋,猪肺要经过九九八十一次灌水冲撞、挤压、清除所有杂质,更要有一双火眼金睛在上千上百家海味干货铺里找到最新鲜的瑶柱、虾干、响螺头,正宗的新会陈皮、广西桂枝、云南火腿,没经过漂白的淮山片、桂圆、红枣,再以武火济文火煨,花上大半日时间和心力,才得出这一碗温润益补的老火汤,绝对是一丝不苟的点滴精华。

有心有闲的周末,我希望你一定要发挥自己的小宇宙学一学煲传统的老火汤,用时间去换取的心情寄托是替代不了的浓情幸福。如果实在是懒惰又真是觉得时间宝贵,那就来个简单无难度的丝瓜滑蛋汤、鱼片香菜汤、清香鸡杂汤,介乎两者之间又有实验精神的,跟我一起拈花摘果来做一些实验作品花果汤水、茶水汤……一箪食、一瓢饮,有心、有为,始终才是为食之道。

借用苏东坡的名言,宁可食无肉,不可居无汤,实在觉得没有汤汤水水可饮的日子比没有饭吃更可怜,因为汤汤水水是一种已经渗透到骨头里的爱。

戏 戏

2013 年 12 月

戏心慢炖
一碗汤

目录

第一篇　创意滋补老火汤　时间慢熬出的住家好味

第二篇   清爽省时快手汤   15分钟就可以喝到好喝的汤水

第三篇　悠闲花果美容汤　　一期一会的花果，最高的礼遇就是——吃掉它

煲汤那些事儿 1

每个主妇都有一个高汤秘密

高汤就像是武林高手隐藏起来的不为人知的绝世武功，平时在厨房或冰箱的某个角落低调地存在，但如果在烹制省时快手汤或花果鲜汤的时候来上一小勺高汤，往往是画龙点睛的一笔。高汤是平常的，又是神秘的，一锅表面漂着几点油花泛着诱人金黄色调的高汤，恐怕动用十二个联邦调查员联手侦查，也未必能得知其中秘密。因为高汤是沉默的，那些高调推销自己的高汤，肯定不是真正的好高汤，地道、优质的高汤都是在角落里不动声色地炖着。

虽然高汤无非都是用棒骨加鸡骨架做底，但每一个家庭主妇都有自己的高汤秘密：有些人要用高贵的云腿，有些人要用平凡的蘑菇……而我认为，用海洋干货吊汤最为鲜美，我的高汤里一定要放入北部湾独有的沙虫干，光想想就知道它足以勾吊出令人窒息的鲜味。

如何吊出一锅鲜掉眉毛的高汤

🥭 **食 材** 猪棒骨 1 根、鸡骨架 1 个、沙虫干 10 条、香葱 2 根、生姜一大块

🧂 **调 料** 盐 10 克、米酒或料酒 20 克

🖌 **做 法**

1　准备好食材。

2　把棒骨和鸡骨架分别用流动的清水清洗干净，放到事先准备好的汤锅里。吊高汤最好用沙锅，因为沙锅在文火慢炖的时候导热均匀，更容易出味。

3　往锅里倒入适量的清水，水量要适中，不能过多也不能过少，但必须没过食材表面。

4　盖上汤锅盖，大火煮开。

5　改中火开盖滚煮 5 分钟，撇去所有溢出来的浮沫，调成小火慢炖。

6　此时可以将大块生姜拍松，倒入米酒或料酒浸泡。

7　沙虫干剪去沙尾，另取炒锅，开小火，慢慢把沙虫焙香。

8　将焙香的沙虫干放到汤里。

9　倒入生姜和酒。

10　加入盐，小火慢炖 5 个小时。吊制高汤的时间一定要长，这样才能让食材的鲜味尽情地挥发到汤中。

戏戏叮咛

吊高汤的材料并没有标准，手边有什么材料就用什么材料，比如将猪骨换成牛骨、将鸡骨架换成鸭骨架都可以，甚至单用棒骨吊制也是可以的。

沙虫干煲汤非常鲜美，但一定要去除干净沙尾，否则会影响高汤味道。

吊一次高汤非常耗时，所以最好一次多吊一些，然后把高汤用保鲜盒装起来，放到冰箱冷冻，随吃解冻使用。

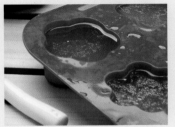

你也可以利用家里的冰格或做蛋糕的模具，将高汤分成一小份一小份，放冰箱冷冻，每次按所需分量取用。

温馨提示

吊好的高汤在煮面条、煮丸子汤、煮馄饨、连汤带料的一锅鲜、上汤时蔬及本书中的 15 分钟快手汤水中都能起到积极的无可取代的重要作用。

煲汤那些事儿 2
停不了的民间信仰

　　南方雨水多,正当你为这连绵不断的雨水感到气馁时,南方的骄阳逮到一点机会就从云层后面露出半张脸,那才叫狰狞。日头在上面热辣辣地晒着,地下的水汽争先恐后地升腾着,整个城市就像一个大蒸笼。广府人屈大均在《广东新语》中曾提到"岭南之地,愆阳所积,暑湿所居",暑湿就是这种滋味了。岭南人把这种暑湿称为湿热、瘴气,别小看瘴气,为什么唐玄奘去印度取经,宁可绕远翻过火焰山也不愿意就近穿越南方丛林,就是因为南方的这种瘴气可以杀人于无形。

　　一方水土养一方人,既有瘴气,我有汤水!每个传统岭南人家里都有一位会煲汤的女人,知冷知热,懂得按季节安排汤品:夏秋两季要清润,淡而不腻;冬春两季要清补,香而浓郁。很多岭南女人煲汤的经验都是来自家庭传统的沿袭,喝什么汤水有什么疗效都是信手拈来,比如老爷子痰多咳嗽要喝南北杏菜炖猪肺,大孙子脾虚厌食要喝土茯苓眉豆煲排骨,小女儿青春期烦躁、生暗疮要喝黄豆苦瓜煲田鸡……虽不至于汤到病除,但是阴阳五行,相生相克的养生道理,每一个岭南人都会随口念出一串:田七养心,黄芪补气,当归活血,桂圆安神,天麻益脑,杜仲补肾,生地、熟地疗效各不同……

　　因此,假如你没有像岭南女孩一样从小接受将药材入汤的熏陶,煲汤最保险的做法就是选择最当季的食材,冬天多喝板栗淮山汤,夏天多喝冬瓜豆腐汤,而春天应该多喝野菜汤,那秋天就最适合喝一盅润喉止咳的川贝冰糖炖雪梨啦!

川贝冰糖炖雪梨

食　材　雪梨1个、川贝6～8粒

调　料　冰糖3颗

做　法

1　准备好食材。

2　用擀面杖将川贝碾成粉末。

3　雪梨洗净,再将雪梨从顶部1/3处横着切开,用挖勺器挖去梨核。

4　然后用刀将雪梨边缘修成均匀的齿状,做成雪梨盅。

5　把川贝粉倒入雪梨盅内。

6　倒入适量的清水,用筷子拌匀川贝粉。注意水不要倒得太满,盅的八分满即可。

7　把雪梨盅放在平口小碗上,然后放到蒸笼中。

8　往雪梨盅内加入冰糖。

9　把切下来的雪梨蒂盖着雪梨盅,用两根牙签固定好,防止蒸炖过程中蒸汽滴入盅内。

10　然后移到已经上汽的蒸锅中,隔水蒸,慢火炖30分钟左右。

煲汤那些事儿 3

时间是一种迷信

早几年,曾经有人就广式老火汤的利弊做了各种分析,列举了各种科学数据力证广式老火煲汤既浪费时间耗费能源,营养价值又很低。此论调一出,哗然一片,特别是将汤汤水水视为生命之火的岭南人更是觉得愤怒和感慨,纷纷回击说出这种观点的人根本没有喝过老火汤!

不管老火汤营养价值高不高,味道好不好,岭南人始终相信一碗用时间换来的汤水至少是温暖的,是会叫你不由自主地想起亲情、友情、爱情等种种美好的记忆,是可以慰藉你的心灵的一剂良药。

很多人笼统地将岭南汤水等同于老火汤——只要把肉类和药材一起放进锅里煲 2～3 个小时就可以了,其实,岭南汤水丰富多彩,有煲汤、炖汤、滚汤、羹汤 4 大类,而老火靓汤不过是其中一种时间比较长的汤水而已。不过,因为现代生活节奏的加快和食材的变化,岭南老火汤也不再是传统意义上的"煲三炖四"(煲汤要 3 小时,炖汤要 4 小时),而是要根据食材来选择烹饪时间。

一般来说,鱼汤,最多煲 1 个小时就行了,如果是排骨汤、瘦肉汤,不需要超过 2 个小时,而牛腩、大块羊肉就要煲 2～3 个小时。如果煲汤的时间太长,嘌呤溢出就多,易引起高尿酸血症或痛风患者的痛风发作,同时汤水越浓,越容易刺激胃酸的分泌,对于胃酸过多、胃溃疡、胃窦炎或近期有胃出血病史的人群都不利,因此,腹泻或胃肠功能较差的人群不要喝太多太浓的老火靓汤。

问题又来了,到底什么是煲汤、炖汤、滚汤、羹汤?

煲汤：将肉、鸡、鸭、排骨先放到开水中汆去血水和杂质，然后再将这些食材放到汤锅中，加入4～5倍干净的水，把汤锅放在灶上大火煮开，再小心撇干净浮沫，加入配料，再煮沸，然后转成小火煲1～2个小时，任由食材在煲中翻滚，汤水会比较浓，渣也比较多，煲汤有时需要提前将肉类先煲出味，再放配料，比如淮山乌鸡汤，就要先将鸡肉煲出味道，再放淮山药煲20分钟。有些煲汤的配料要提前浸泡，比如红豆汤、薏米汤就必须提前一个晚上把这些食材泡一泡，这样煲出来的汤水才好喝。

煲汤比较适合全家食用。

炖汤：将肉类提前加调料腌制入味，再和配料混合，放到炖盅或炖碗中，加入适量的水，隔水炖煮，通常要炖2～3个小时，所炖出的汤水比较清澈，而且比较具有个人风格，可以根据家庭每个人的体质各炖一盅汤，尤其是一些补品如燕窝，必须用炖盅炖制。

滚汤：把蔬菜和肉片切成薄片，再用食用油、生抽和淀粉腌制10分钟，待锅中的水滚之后放入锅中3～5分钟后烫熟出锅。因为材料入锅时间短，因此保留了更多的营养成分，而且味鲜肉爽，很适合夏天，比如快手鲜美的鱼片香菜汤。

羹汤：虽说夏天岭南气候炎热，但一年之中也总有较冷的几天，热汤上桌之后很快变凉了，所以此时最适合饮羹汤。羹汤与滚汤的最大区别就在于羹要增加一个"勾芡"的过程，使汤水变得稠浓适中，香滑可口，比如香港最有名的街头小吃"碗仔翅"就属于羹汤。

酸辣开胃牛肉羹（2人份）

食　材　牛肉100克、鸡蛋1只、番茄1只、泡椒2克、蒜瓣2个、香葱2根、香菜2根

调　料　盐4克、生抽3克、油5克、水淀粉适量

做　法

1　牛肉切薄片，尽量切薄一些，加盐2克、生抽、水淀粉少许腌制15分钟。

2　番茄去皮，切成小丁，鸡蛋打散备用。

3　把辅料中的泡椒、蒜瓣、香葱均切碎备用。

4　锅里放油，把切碎的泡椒、蒜瓣、香葱下锅爆香，再加入番茄丁翻炒，加少许盐调味。

5　倒入一大碗水，大火煮开，煮出香气。

6　淋入水淀粉勾芡。

7　下腌制好的牛肉片，均匀滑开。

8　再次煮开后，淋入鸡蛋液。

9　出锅前撒入香菜即可。

煲汤那些事儿 4
美好的开始

正如每个人家里总有十来个不同形状大小的杯子：这个高脚玻璃杯是用来跟闺蜜一起叹红酒的，那个产自景德镇的白瓷杯是用来跟知己品茶用的，那个绿色搪瓷盅是你每天早上喝牛奶的专用杯，而那个简简单单的胖胖的印着可爱图案的彩瓷杯正是你每天早、中、晚都不能离手的专用喝水杯……想煲一碗好喝的汤水，并不能随便把食材往电饭锅里一丢，按上煲汤键，跷着脚、嗑着瓜子就能等到一碗令人感动的汤水，你必须记得：汤水是有尊严的！

一个好的汤锅，往往就是一切美好情感的开始。

高身瓦煲

　　有心有闲的人,我建议你用高身瓦煲,当粗糙的锅体里发出咕噜咕噜的声音,空气中就会慢慢升腾着一种叫做温暖的物质,整个房间里就会被幸福所包围,而且高身瓦煲传热均匀,散热缓慢,只需要小火慢炖,就可以让汤水变得浓郁。它的缺点就是容易龟裂,而且第一次使用必须经过泡水,在表面刷油等特别处理。

沙锅

　　走古典气质路线的高身瓦煲其实已经退出煲汤江湖,在市场上也是可遇不可求,而同样具有传热均匀、散热缓慢特质的又不易龟裂的沙锅就逐渐成为煲汤首选。用沙锅煲汤可以保证原汁原味,而且又有高的、矮的、圆的、扁的各种不同的造型,可以方便煲制各种食材;而且,沙锅还可以用来做需要保温的干锅菜呢,但煮胶质比较多的猪蹄则往往容易粘锅,会使汤水多出一种烧焦的味道。

高压锅

　　我并不喜欢用高压锅来煲汤,虽然高压锅能通过提高密封环境中的气压,可以在最短的时间内迅速将汤品煮好,既省火又省电,但高压锅煲出的汤水非常清淡,而且锅本身经常发出蒸汽尖叫,会让人心绪不安,十分有压力。但高压锅用来煮牛腩、羊肉这种质地有韧性、不易煮软的原料还是很不错的,但切记煮任何肉类,都不宜超过30分钟。

电高压锅

　　实在没时间守着灶头又想喝老火汤,电高压锅是一个很好的选择,将自己喜欢的材料全部放到锅里,选择相应的时间和压力类型,电高压锅就可以自动调节火候及压力,帮你煲出一锅浓浓的汤水。唯一欠缺的地方是电高压锅实在太沉闷,叫人不知内里乾坤是否进行,缺少细火慢炖的诚意。

不锈钢锅

　　不锈钢锅的特点是容量大,可以用来煮整鸡、整鸭、牛大排等体积较大的食材,但不锈钢锅煲汤,火大了水容易干,火小了煲出来的汤水又清,而且不锈钢还会和煲汤药材发生化学反应,影响汤品的药用效果,我不建议用不锈钢锅煲汤,用电饭锅煲汤都要比不锈钢锅好。

全钢锅、陶瓷锅

　　近些年大热的全钢锅、陶瓷锅,外形比较酷,色彩也漂亮,导热效果非常好,煲出的汤水很原味也很浓郁,接近沙锅的效果。唯一的缺点就是价格太高。

★感谢 crystal 提供本页手绘插图

煲汤那些事儿 5

压箱底儿的戏戏叮咛

1. 一般来说,煲汤的时候,食材要冷水下锅,因为冷水下锅时肉中的蛋白质和脂肪容易渗透出来,并溶解在汤中,使汤味更鲜美。

2. 煮猪骨汤时可以适当加一小匙醋,可使骨头中的磷、钙溶于汤中,并可保存汤中的维生素;煮鸭汤的时候除了多放姜,还可以加几张新鲜橘皮,不仅味道鲜美,还可减少油腻感。

3. 煲汤时,最好在最后阶段才放盐,有时候盐放得太早,反而会影响食材的原味。

4. 为了减少牛肉、羊肉的膻味,烹饪之前,最好用清水浸泡半天;另外,加一小撮茶叶(约为泡一壶茶的量,用纱布包好)同煮,肉能很快就熟烂且味道鲜美。

5. 河鱼有土腥味,烹饪之前,可将鱼放到牛奶中浸泡片刻或在出锅前加少许牛奶,这样煮出来的鱼汤又鲜又浓。

6. 煮鱼汤前,一定要将鱼用油煎香、煎透,并且要趁着煎锅正热的时候倒入沸水,汤水立刻就变奶白色了,然后保持大火滚煮10分钟左右,汤水会变得更浓、更白。

7. 煲棒骨汤时,骨头要用刀背敲裂,让骨髓容易溢出。

8. 汤太腻,可将热汤放凉后,再放进冰箱让多余的油脂凝固,去掉油脂后,重新加热就可以了。

9. 猪肚也是我们常用的食材,如何煮猪肚?请看以下步骤:

🍅 **食 材** 猪肚 1 个

🧂 **调 料** 白胡椒 5~6 粒

🧄 **清洗材料** 淀粉 20 克、粗盐 10 克

🔪 **做 法**

① 先用流动的清水把猪肚表面的黏液冲洗干净。

② 用刀把用清水洗不掉的黄色硬皮一一剔除，要彻底去除，否则会影响猪肚的味道。

③ 把猪肚放在盆中，加 10 克淀粉，反复揉搓，再用流动的清水冲洗干净；再把猪肚的内层翻开来，加 10 克淀粉，反复揉搓，用流动的水冲洗干净。

④ 把猪肚放到盆中，加入粗盐，把猪肚里里外外再次反复揉搓，用流动的水清洗干净，猪肚清洗就完成了。

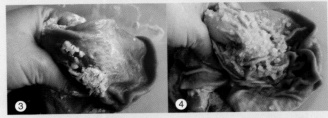

⑤ 清洗干净的猪肚表面光滑，透着新鲜的色泽，闻起来无异味。

⑥ 煮猪肚前，把外层的猪油去掉，这些猪油是干净的，可以用来炒青菜。

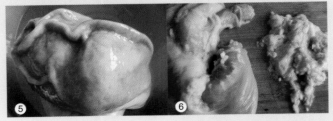

⑦ 将清理干净的猪肚放进高压锅内，倒入适量清水，最好没过猪肚，把白胡椒粒拍碎，加入锅中给猪肚去怪味，将高压锅加盖、加阀，开大火，喷气后改中火煮 15 分钟，等高压锅放完气后才能打开锅盖，猪肚就煮好了。

10. 要煲鸡汤时，如果有选择，一定要选择养殖时间超过 24

个月的母鸡，因为生长时间足够长，肉质和骨架都比较适合长时间炖煮，煲出的汤水会更浓香，那些只养 40 天的白羽鸡是绝对不能用来煲汤的！南方的传统认为，公鸡大补，平时煲汤忌用公鸡，而产妇生产过后第一时间必须要喝公鸡汤，可以迅速补充元气。

11. 煮海鲜汤、鸡汤的时候，最好不要放味精、鸡精，否则会破坏海鲜原来的鲜味。

12. 如何炖出清澈不腻的鸭汤，需注意以下几点：

①炖鸭汤最好采用老鸭、水鸭、土鸭，不要用洋鸭，洋鸭比较肥腻，较适合生炒或红烧，用来煮汤则较腥且非常油腻。

②水鸭是长期生活在水边的鸭子，以河里的小鱼虾为食，所以肉质较鲜嫩，且骨架较小，肉薄，脂肪含量较低，非常适合炖老火汤，汤鲜且味美。

③清洗鸭子的时候，必须将鸭子腹腔里的血块、筋膜彻底清除，而且要将鸭子翅膀、腿根部位的零星鸭毛拔除干净，这是保证鸭汤不腥的基本要素。

④鸭子炖汤之前，要先将鸭皮的皮下脂肪尽量剔除，如果嫌麻烦，可以先下锅煎掉鸭皮内层的肥油，这也是给鸭汤提香的前提。为防止鸭皮粘锅，可以在锅里面擦少许油。

⑤鸭子煎出油后，下姜块翻炒至出香味，后倒入烧酒，记得要用高度烧酒，不要用料酒，因为高度烧酒能够更好地给鸭汤提香。

⑥炖汤的过程中要不时用汤勺把表面那层肥油撇干净，多撇几次，直到汤水清澈为止。

13. 很多人担心用水果煮汤会出现又咸又甜的情况。一般来说，水果的甜度不会大量地释放，只有微微的甘甜，可以起到类似冰糖的调味作用，但水果芳香的释放又是冰糖不可比拟的，水果入汤只会令汤水更香醇，但仍需注意水果的特性，烹煮的时间不宜太长。

14. 最后，任何一款汤水都要趁热食用，但也要注意温度适中，不要烫伤舌头噢！

戏心慢炖
一碗汤

第 一 篇

我一直坚信,汤水是有尊严的,那种磕个鸡蛋丢两块番茄煮出来类似刷锅水的汤水，不够诚意。一碗有诚意的汤水，是功夫做足，闲情来时，红泥小火炉，大肚子沙锅里，咕嘟咕嘟地冒着绿豆眼小泡，隐约的香气泄露了汤锅里食材之间的亲密交融……

创意滋补老火汤
时间慢熬出的住家好味

神秘的诱惑 藏红花南瓜排骨浓汤

据说藏红花是一种淫荡的香料，磨成粉后顿失操守，可以轻易跟任何食物勾搭，失去自我，而且藏红花有一缕独特勾魂的幽香，充满了神秘的诱惑与想象。正如童话故事里最后的美好结局对所有女孩子都是一种诱惑，几乎所有不谙世事的女孩心里都或多或少地想象过自己就是灰姑娘，一旦穿上炫目的水晶鞋，坐着南瓜马车就能遇到自己的真命天子。难怪我对南瓜总有一种莫名其妙的好感，我想一定是馋嘴的我把南瓜马车吃了，所以遇不到充满诱惑的王子，却遇上了肚腩肥如老南瓜的老鱼。

🍊 **食 材** 排骨 500 克、老南瓜 300 克、藏红花少许

🧂 **调 料** 盐 2 克、姜 1 块、八角 1 个、小香葱 2 根、料酒 5 克

🔪 **做 法**

1　准备好原料，排骨洗净斩成长条备用。

2　南瓜去皮，切成小丁。

3　把南瓜丁放入豆浆机中，加入适量的清水。

4　开动豆浆机的果蔬汤功能，将南瓜煮成南瓜浓汤备用。

5　排骨放入锅中，加入适量的水，放姜、八角、香葱结、料酒，大火煮开后，用汤勺撇干净浮沫。

6　往锅里加入盐，转成小火再煮 30 分钟，排骨煮好后捞起。煮排骨的汤水倒出另用，加几块冬瓜就可以煮成冬瓜汤，加紫菜就成紫菜汤。

7　把南瓜浓汤倒入锅里，放入煮好的排骨，煮 10 分钟，南瓜浓汤容易糊锅，要经常用汤勺翻底。

8　最后，加入藏红花，用小火熬制 10 分钟即成。

戏戏叮咛

如果家里没有豆浆机或者没有可以单独煮果蔬浓汤的功能，可以先将南瓜丁蒸熟，加少许清水，用食物搅拌机搅拌成浓汁。

藏红花是最名贵的香料之一，更是一种名贵的中药材，它有镇静、祛痰、解痉止痛等作用，特别是用于胃病、调经、麻疹、发热、黄疸、肝脾肿大的治疗时更显其强大的生理活性。

小民的笃信 甲鱼炖鸡

不知什么时候开始，甲鱼被传说为民间最完美的补品，低脂肪、高营养，胶质又多，所以甲鱼炖鸡成了高档汤品的代表。然而，在这世间存在着看似完美的食物，就一定伴随着很糟糕的食物。但是食物本身是无辜的，将它们三六九等划分是不公平的。正如我们人类，看得顺眼的人一定是好人吗，貌不出众的人就一定是坏人吗？对于食物，我们实在太苛刻了。

🍅 **食 材** 小甲鱼1只、鸡肉500克、红枣5颗

🧂 **调 料** 盐5克、米酒10克、生抽10克、白胡椒粉5克、香葱1根、生姜一大块、油适量

🔪 **做 法**

1 甲鱼请店家代宰杀,斩件。

2 甲鱼加入盐、米酒、生抽、白胡椒粉拌匀腌制30分钟。

3 将鸡肉倒入汤锅中, 放入一大块生姜,加适量的水大火煮沸, 撇去浮沫,加入切片的红枣, 保持中小火滚煮30分钟, 变成一锅红枣鸡汤。

4 另取一口炒锅,烧热,倒油,下香葱炝锅,把腌制好的甲鱼倒入锅内爆炒,甲鱼比较腥,必须要爆炒断生才可以去腥。

5 把炒过的甲鱼放到红枣鸡汤中, 大火煮沸后, 转成小火炖煮40分钟。

戏戏叮咛

市场上出售的甲鱼大都是饲养的,肉质比较嫩,所以炖煮的时间不宜太长,30～40分钟就可以了。

甲鱼比较腥,一定要爆炒断生才可以很好地去腥;而且最好加米酒腌制,会比料酒去腥效果好。

甘心配角 沙虫排骨芸豆汤

南方有句俚语这样说:"同遮不同柄,同人不同命。"意思是即使出身差不多,但命运却是不同的。同是秋天海洋的收获,南方的沙虫则以配角的身份出现。但如果这道汤中缺少了沙虫这位配角,则会少了一份灵魂。谁都想做主角,命运如果偏偏安排你做配角,此时,就要用心把配角做到极致,因为总有一些配角,总能有意无意地抢了主角的戏,即使在主角的身后只露出半边脸,也能将主角逼得心情急躁而虚火上升,比主角还抢镜。

🍊 **食 材** 排骨 500 克、干沙虫 10 条、白芸豆 200 克

🧂 **调 料** 盐 5 克、料酒 10 克、生抽 5 克、蚝油 5 克、油 10 克、生姜一大块、白胡椒粉和油各适量

🔪 做　法

1　干沙虫用剪刀剪去尾部的沙肠，并在其表面间隔剪上半刀，这样方便清洗，煮好之后也可以得到漂亮的花纹。

2　把剪好的沙虫放到清水中浸泡半天使其变软。沙虫有很多细沙，必须反复清洗到碗底摸不到细沙为止。

3　同时，芸豆也加入清水浸泡半天至涨发。

4　把排骨放入料理碗中，加入盐、料酒、白胡椒粉腌制15分钟。

5　锅烧热，倒适量的油，下生姜爆出姜味，再把腌制好的排骨放到锅里煎至表面金黄。

6　把处理好的沙虫挤干水，也放到锅中煸炒至表面金黄。沙虫比较腥，必须要爆炒后才香。

7　把炒好的排骨和沙虫放到汤锅中，加入适量的水，大火煮沸，转成小火煮30分钟。

8　再把泡好的芸豆放到汤中慢炖1个小时即可。

戏戏叮咛

　　沙虫被挖出来之后，渔民一般会将其晒干制成沙虫干。晒成的沙虫干味道香脆，便于保存，而且重量和体积大大减少，更便于运输和携带。我们餐桌上吃的沙虫菜肴大部分都是沙虫干做的。

　　沙虫做法有很多，爆炒、煮汤、熬粥、椒盐、油炸均可，味道鲜美，不像海参、鱼翅靠吸引其他食材来丰满自己，沙虫本身就具有极鲜之味，通常都是为其他食材增添光彩的。

　　白芸豆一般为干货，烹饪前要提前泡发，泡发后的白芸豆还可以做话梅芸豆之类的开胃前菜。

过生日，长尾巴　番茄牛尾汤

正所谓"嫁鸡随鸡、嫁狗随狗"，嫁了一个湖南人就得按湖南的习俗过生日。湖南人把过生日称为"长尾巴"，长尾巴自然是要吃尾巴的，比如猪尾巴。有创意、有心意的父母都会在自己孩子生日当天，买一根猪尾巴，或白水煮，或黄豆烧，用吃尾巴寓意小孩子又长一截，长大，长尾巴啦！所以，每年不论是自己或家人过生日，炖一锅番茄牛尾汤，都算得上是应景美食。

🍊 **食　材** 新鲜牛尾1根（约1000克）、番茄3只

🧂 **调　料** 香葱3根、陈皮少许、胡椒粉5克、蒜瓣5个、料酒5克、盐5克、白糖5克、番茄酱20克、姜一大块、现磨黑胡椒适量、生抽少许

🔪 做 法

1　准备好食材。新鲜牛尾请店家代斩件。

2　用流动的水将牛尾洗净，加清水浸泡 30 分钟，每隔 10 分钟倒一次血水，再重新加清水浸泡，这样才可以最大限度地去除牛尾的腥膻味。

3　烧开一锅水，把浸泡好的牛尾捞出放到汤锅里，余 5 分钟，注意把血沫撇干净，然后捞出过凉水，让肉质更紧致。

4　另取一口汤锅，加入 1000 毫升的水，把处理好的牛尾放到锅中，把拍碎的姜、葱、陈皮、蒜瓣、盐、料酒等配料一起放到锅中，和牛尾一起大火煮沸，然后转成小火炖煮 2 个小时。牛尾油脂很多，煮的时候会出很多肥油，这些肥油要用勺子撇出来，下一步会用到。

5　牛尾炖好后，把番茄洗干净，切成小块，另取一口炒锅，把切好的番茄块放到锅里，加入刚才撇出来的牛肥油，再把番茄酱和白糖也放入锅中。

6　保持中小火煮成番茄浓汤，记得不停用勺子翻动，以防粘锅。

7　也可以现磨些黑胡椒到番茄浓汤里，黑胡椒和番茄是绝配。

8　最后把煮好的番茄浓汤倒回牛尾汤中，搅拌混合后再用中火煮 15 分钟，出锅前加入少许生抽调味。

戏戏叮咛

　　用清水浸泡牛尾是为了去掉血水，泡出血水就要换掉，但也不宜泡太长时间，以 30 分钟为限。

　　为了省时间可以用高压锅来炖牛尾，但如果追求最好的口感，还是用沙锅小火慢炖上一两个小时，这种小火慢炖出来的牛尾口感软糯适中。煮牛尾汤的时候会出很多牛肥油，记得撇出这层肥油来炒番茄，煮出的汤会是很漂亮的金黄色。

我信你才怪 泥鳅黄豆汤

当我第一次在电视上看到某位"女专家"一本正经地教大家生吃泥鳅治虚火，我就断定这是一股歪风邪气。治病需要科学严谨的态度，食疗在中西医学中都始终认为只能作为辅助，并非万能的治疗法宝，生病就要吃药，这是非常简单且浅显的道理。但作为吃食，泥鳅却是非常好的一种食物，特别是春天的泥鳅，不仅营养丰富，还有一种特殊的奶香，家乡有句俗语：黄豆煮泥鳅，鲜死不偿命。哼，我猜说这种话的人，一定是怕我们和他抢鲜才故意编就得荒诞无稽，我信你才怪！

食 材 泥鳅 500 克、黄豆 100 克

调 料 盐 5 克、高度米酒 10 克、油 10 克、生姜一大块、白胡椒粉适量、油适量

做 法

1　泥鳅买回来后最好用清水养几天,让其吐清污泥再食用,每天多换几次清水,以防泥鳅缺氧,死泥鳅是不能吃的。

2　黄豆也提前一个晚上加清水泡发。

3　炒锅置灶上,倒入泥鳅,加适量清水,盖上锅盖,开小火,这时会听到锅里有怪声音,坚持到没有声音后再打开锅盖,这样泥鳅就已经被热晕了。

4　把已经热晕的泥鳅倒入筛网中,此时可以看到泥鳅表面有一层白色的黏膜,黏膜上有很多寄生虫,必须清除干净。

5　泥鳅表面的黏膜清洗干净后,泥鳅抓起来也没有那么滑了,可以开膛去内脏了。

6　炒锅倒入油,放入姜丝和泥鳅,开小火撒盐上味,慢火把泥鳅煎透。一定要记得小火慢煎哦。

7　倒入一大碗开水,调成大火滚煮,加入高度米酒和白胡椒粉,煮成奶白色的鱼汤。

8　将鱼汤转移到沙锅中。

9　倒入泡发的黄豆,煮沸后,加盐,调成小火慢煮 1 个小时,静候鲜掉眉毛的靓汤。

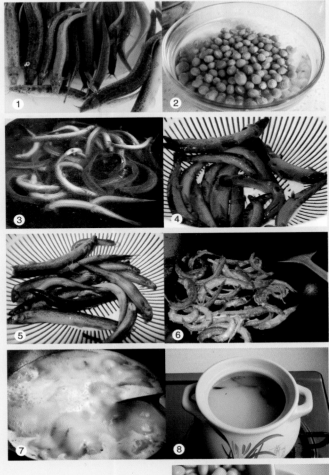

戏戏叮咛

泥鳅生活在泥里,较腥,在烹饪之前要放在清水中多养几天,勤换水。泥鳅表面的黏液中有很多寄生虫,一定要处理干净。泥鳅很滑,抓不牢,所以建议像我这样,先用温水热晕泥鳅,清洗就容易多了。

至于泥鳅到底要不要宰杀的争论,戏戏认为养了几天的泥鳅,肠子也干净了,而且泥鳅宰杀实在麻烦,跟我一样整条吃吧,老一辈人说吃点泥鳅胆还清肝明目呢!

良药非苦口 板栗淮山炖乌鸡

乍暖还寒的季节，淮山药和板栗成了菜市场的主角，那就来一碗板栗淮山乌鸡汤吧。自小就喜欢吃淮山药，妈妈煲出的清补汤水中，一片片白白的淮山药，是清补汤中除了红枣之外唯一不苦的东西，终于知道良药并不总苦口，湿润醇厚平和的也不少，正如最能唤醒情感的知觉并能感动人心的，往往都是淡淡的关怀。

食　材　乌鸡半只、板栗 300 克、铁棍淮山药 1 根

调　料　盐 5 克、料酒 10 克、生姜一大块

做　法

1　准备好食材。

2　乌鸡清洗干净,放到汤锅中,加入盐、料酒和拍碎的生姜揉搓,腌制 30 分钟入味。

3　腌制好的乌鸡,加入高汤或清水,大火煮沸,再转中火滚煮 5 分钟。

4　用汤勺把浮沫撇干净,调成小火慢炖 40 分钟。

5　加入板栗。

6　再加入去了皮切段的淮山药,转中火煲 20 分钟即可。

戏戏叮咛

　　给淮山药去皮的时候要戴上厨房专用手套,以防汁水溅到手上,引起手痒。如果发生手痒过敏现象,可将手放置离明火 10 厘米左右烤一烤,情况严重的擦一点风油精可极大地缓解痒痒的感觉。

质朴的安慰　菜远猪骨汤

　　所谓菜远，其实就是将青菜缺水发蔫的头尾去掉，取其精华部分。菜远煲猪骨，说简单点就是猪骨汤里烫青菜，但将青菜放入汤锅煲汤前，要耐心炖煮一锅浓浓的汤，又精心挑选最当季的青菜，还要细心地把影响口感的头尾精拣出来，花费时间和功夫同样不少，所以，任何一碗老火汤都不能只看到简单表面，碗碗都是心底质朴的安慰。

🍅 **食　材** 猪骨头 500 克、小白菜 500 克、白虾皮 20 克

🧂 **调　料** 盐 5 克、米酒 10 克、生姜一大块、油少许

做 法

1 猪骨斩件,氽水备用。

2 把氽过水的猪骨放到汤锅中,加入适量的清水,生姜拍碎一起放入锅内,加入米酒,大火煮沸,转成小火煲1个小时,直到汤水变得浓白。

3 把小白菜的头尾摘除干净,留最嫩、水分最饱满的菜远(菜心)。

4 把摘好的菜远用流动的清水清洗干净。

5 然后用刀把菜远切成合适大小的段备用。

6 时间尚足,取炒锅置灶上,倒油,把白虾皮用小火慢慢焙香。

7 汤水变得浓白后,就可以把切好的菜远放到汤中大火滚2分钟即关火。

8 表面撒上焙香的白虾皮,增加口感层次。

戏戏叮咛

猪骨最好选用猪筒骨,筒骨煲汤最浓、最白,和菜远最相配。

一定要选当季的绿叶菜,煲出来的汤水才清甜。

白虾皮在超市里很容易就可以买到,可以一次多焙一些,放在密封的瓶子中,喝汤、吃粉、吃面的时候撒一点在汤面上,可以增加香气,并且口感层次也丰富。

极品将养 灵芝黄芪炖斑鸠

年过三十，就会发现自己的身体时不时地会出现这样那样的问题，或者痛，或者晕，或者心跳加快，或者四肢无力，最无奈的就是无论怎么调节、怎么暗示，到了夜里总是睡不好，虽然也不觉得是很恐怖的事，但必须承认花开总有时，自己是无法掌握四季更替的，春来秋去冬又来，也是时候给自己补一补啦！说补就补，根据老辈人手把手的经验，我也可以随时背出诸如"黄芪补气、红枣补血、桂圆安神、当归养血"的口诀来，但是这样那样的小问题、小毛病老是如影随形，也让人不胜其烦。于是求助于学中医的朋友，朋友塞给我一包灵芝，让我磨粉每天吞服一小勺，保证药到病除。我看过《白蛇传》，知道灵芝是救命仙草，自认为还没到这般危险的地步吧，而且天天吃药多扫兴，还是煲汤适合我，寒冷的冬天到了，用灵芝将养起来。

食　材 斑鸠1只(约350克)、灵芝20克、黄芪10克、红枣6粒、枸杞20粒

调　料 姜1块、香葱2根、盐5克、米酒10克、生抽3克

做　法

1　准备好食材，斑鸠可让店家帮忙宰杀，和鸽子一样，尽量不要斩件，留血更补。

2　灵芝用手顺纹小心掰成小块，不要用刀切，老一辈人说灵芝是有灵性的。

3　掰好的灵芝用清水洗干净表面灰尘，放入沙煲中，加入3~4碗水，大火煮开，调成小火再炖煮2~3个小时。

4　炖灵芝的同时，将斑鸠加入盐、米酒、姜片、生抽、香葱结腌制30分钟入味。

5　直到灵芝炖出味道后，加入腌制好的斑鸠。

6　再加入黄芪、红枣、枸杞，中小火炖煮1个小时，趁热开饮。

戏戏叮咛

　　说实话，现在市场上可购买到的灵芝一般都是种植的，所以灵芝的功效并没有传说中的那么给力，而且灵芝本身并没什么味道，要长时间炖煮才可以出味，味道略苦。最常用的食用方法是取其汁加入蜂蜜做成饮品，每天坚持服用，功效方可明显。

　　灵芝适合大部分人食用，只有极少数人对灵芝过敏。但手术前、后一周内，或正在大出血的病人不建议食用灵芝。老人或吸收较差的人，可将灵芝磨粉吞服。

　　斑鸠现时已经多为饲养，但相对于鸡、鸭，腥味还是很重的，最好留血，滋补功效更明显，但腌制斑鸠时就要多放些米酒，去腥提香效果更好。

　　灵芝味苦，可多放些甜甜的红枣调和味道，红枣用剪刀剪碎会更出味。

学会自爱 红枣当归猪肚汤

身为女人，三十过后，若是不愿面对将至的惨淡和不堪，请在最美高潮尚未完全退去时，抓紧时间好好宠爱自己，因为上帝给每个人的一生只配给一具皮囊，实在是太值得珍惜了。所以女性朋友必须学会做这道养出好气色的良汤。功效：补气补血。服用方法：每月生理期前后，坚持服用3天。

🍅 **食　材** 熟猪肚 200 克、当归 3 克、红枣 10 颗

🧂 **调　料** 盐 2 克、胡椒 3 粒、生抽 2 克、姜 2 片

🔪 **做　法**

1　沙锅里加入 800 克清水，也可直接用煮猪肚的汤水，再加入当归、姜片和拍碎的胡椒粒，煮出香气。

2　红枣提前清洗干净，加入汤中。

3　当归的香气出来后，加入切成薄片的猪肚，小火煮 20 分钟。

4　最后，调入盐和少许生抽即可。

戏戏叮咛

当归一直被中医视为补血要药，用于女性治疗贫血并帮助女性养血。据明代李时珍《本草纲目》的说法："当归调血，为女人要药，有思夫之意，故有当归之名。"此外，当归还有另一种意义，即宋代陈承《本草别说》云："使气血各有所归。恐当归之名，必因此出也。"两种说法均通，后者尤为贴切。

需要注意的是，当归对女性子宫的作用主要取决于子宫的功能状态而呈双向调节作用，当归的活性成分中的挥发油能抑制子宫收缩，而水溶性成分则有兴奋子宫的作用。故在女性月经期间，因为子宫出血，煎服当归，会令子宫兴奋，促使出血增多，所以行经期间应当忌用当归。

老火陈情 头菜鸭肾猪脚汤

正如我偏爱那种洗好后不用熨烫，只需要拧成一团，穿在身上又特别皱巴巴气质的棉麻质感衬衣，我也同样偏爱皱巴巴的梅菜。无论身在何处，每每吃到梅菜做的菜，总让我想起妈妈做的菜，比如小时候只有过年时才可以吃到的梅菜扣肉，胃口不开时的梅菜蒸肉饼，当然还少不了这道简单却有滋味的梅菜猪脚汤。每次回妈妈家，远远地就闻到了梅菜独有的香气，就知道母亲的爱在那里。

🍊 **食 材** 猪脚1只、头菜50克、鸭肾2个

🧂 **调 料** 料酒10克、香葱2根、冰糖2颗、生姜一大块、盐适量

🧄 **清洗材料** 淀粉适量

做　法

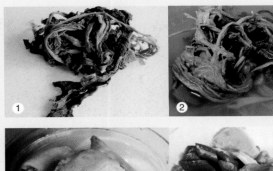

1　头菜其实是梅菜的一种，每个地方都会用不同的蔬菜来做梅菜，岭南一带的梅菜是用头菜做的，头菜的头类似榨菜，一般可剁碎了蒸猪肉，头菜的尾即菜叶部分，通常就是用来煲汤的。

2　把头菜放到清水中浸泡 3 个小时，期间多次换水，清洗泥沙，直到将头菜泡软、泡发及清洗干净，备用。

3　猪脚用刀刮去表面的细毛，斩件后也放到清水中浸泡，期间也要多次把泡出来的血水倒掉，直到水变得清澈，这样猪脚的腥膻味就可以去掉了，煲出来的汤水才会好喝。

4　接下来处理鸭肾，先用刀切开鸭肾球，把里面的脏东西去掉，那层黄色的膜也要撕下来，再用淀粉将鸭肾里里外外反复揉搓，用水清洗干净，最后用盐将鸭肾里里外外反复揉搓，用流动的水清洗干净，在表面剞十字花刀备用。

5　食材处理干净后，把泡猪脚的水倒掉，头菜也挤干水。

6　取一个汤锅，把猪脚和鸭肾放到锅里，加入适量的水煮开，撇去浮沫，加生姜、料酒、香葱调味。

7　保持中小火炖煮 1 个小时，汤色变成浓白时，再将头菜切成小段，放到汤里，加冰糖，再继续保持中小火炖煮 1 个小时即可。

戏戏叮咛

头菜在制作过程中会用到大量的盐，所以这道汤可以不用放盐了，当然你也可以根据口味加少许盐调味。

猪脚有一种腥膻气，在烹饪前最好用清水浸泡，并在泡出血水后换掉，直到没有血水溢出，这样处理，不管是煲汤还是红烧，都不会有那种讨厌的异味了。

听妈妈的话 带皮冬瓜煲老鸭

暑气越来越浓之时，喝一些清热降暑的汤汤水水就变得尤为重要。六七月的鸭子渐肥，是吃鸭子的时节了，斩半只老鸭与冬瓜一起煲，放几颗薏米同煲，就是南方人夏日靓汤最好的范本了，但有一个小秘密是妈妈告诉我的：冬瓜煲汤一定要带皮煲，解暑消渴的效果最佳。妈妈还说，烹饪冬瓜，无论是炒或煮或煲，一定要出锅前再放盐调味，冬瓜才不会变酸。嗯，听妈妈的话总不会错！

🍅 **食　材** 老鸭 300 克、冬瓜 500 克、薏米少许

🧂 **调　料** 盐 5 克、生抽 3 克、白胡椒粉 5 克、米酒 10 克、生姜一大块

🔪 做　法

1　老鸭买回,洗净,斩成大块,加入盐 2 克、生抽、白胡椒粉、米酒腌制 30 分钟。

2　将腌制好的鸭子放入沙锅中,加入适量的清水,置于灶上,旺火烧开煮。

3　大火滚约 5 分钟之后, 鸭子中的血沫会浮在汤面上,用筷子或汤筛把所有血沫清理干净。

4　这时候用刀把姜拍扁,放入汤中,继续滚 5 分钟,倒入洗净的薏米,调成小火炖 1 个小时。姜一定要多放些,除了去腥效果好,也可以中和鸭子与冬瓜的凉性。

5　把冬瓜洗干净, 特别是表皮一定要尽量清洗干净, 切成合适大小的块状备用。

6　待鸭汤煲出味之后,如果表面油很多,最好再用勺子撇干净表面的油花。最后倒入冬瓜块滚 10 分钟,出锅前再放盐调味即可。

戏戏叮咛

夏日汤水的要求是味浓而汤清,如何煲出清澈不腥的鸭汤的注意事项见 P22。

冬瓜皮能清热利水消肿,常用于水肿胀满等,尤其适用于夏天湿热所致之小便不利等症,所以冬瓜带皮吃比较好!

虽然冬瓜去皮吃口感好,但煲汤还是带皮好,炒冬瓜的话,因为口感不好,就要去皮了。

烹饪冬瓜,无论是炒、煮、煲,一定要出锅前再放盐调味,冬瓜才不会变酸,而且口感脆甜。

煲带皮冬瓜时,冬瓜放入锅后,不要一再打开锅盖观察,需一气呵成,冬瓜皮才会青翠。如果总是打开锅盖,冬瓜皮则会变黄,色泽不佳。

新丁驾到 墨鱼红豆排骨汤

正如每每闻到炖煮猪脚汤飘荡出的浓浓甜醋味，就会条件反射地好像听到婴孩的呀呀哭闹声，所以在干货区，一看到有人在大量购买墨鱼干和红豆，就知道这个世界又有新生命降临了。比起猪脚汤的又浓又腻又容易肥身，墨鱼红豆汤就显得清爽开胃和简单，而且墨鱼还具有强大的催奶作用呢，切记一定要放老姜，够老够辣的姜，才能起到益脾胃、散风寒的功效。新丁驾到肯定是一件皆大欢喜的事，但产妇生产后补身的计划也是不可轻怠的。

🍅 **食 材** 猪排 300 克、红豆 100 克、墨鱼干 3 条

🧂 **调 料** 盐 2 克、米酒 20 克、老姜一大块、油少许

🔪 **做 法**

1 准备好食材。

2 把红豆和墨鱼干分别放到料理碗中,加入温开水泡发 1 个小时。

3 把排骨清洗干净后,放到汤锅中,放姜片,倒入米酒和适量的清水,大火煮沸后,用汤勺撇去浮沫,保持大火滚 5 分钟,调成小火煲 30 分钟成底汤。

4 煲汤的同时,把泡软的墨鱼干清洗干净挤干水,用剪刀剪大块;取炒锅,倒油,把墨鱼干放到锅里,加入姜和米酒爆香。

5 把爆香的墨鱼干放到排骨汤中。

6 同时也把泡发的红豆倒入汤内,大火煮沸 5 分钟,改成小火慢炖1.5 小时,适当加点盐调味即可。

戏戏叮咛

坐月子多喝汤对乳汁分泌是很有好处的,民间认为墨鱼具有催奶作用,所以一般在干货区看到谁购买墨鱼干,就知道哪家添小宝宝了。

由于红豆和墨鱼都是干货,所以在烹饪之前必须浸泡。

墨鱼最好下锅爆一爆,去腥的效果更好。

这个汤不需要特别的技巧,时间炖足了就行了,嘿嘿,这个汤也不是只给产妇催奶用的哦,对女人也有滋润作用,想要气色好,平时就可以多喝哟。

返璞归真 当归西蓝花鱼头汤

年轻的时候迷恋各种麻辣食物——麻辣香锅、水煮鱼和剁椒鱼头……味觉被麻辣刺激到泪流满面却乐此不疲。变成熟后开始学会自律,返璞归真,才懂得粗茶淡饭才是安身立命之本。"安身之本,必资于食",当归西蓝花鱼头汤,当归的异香化解了鱼头的霸道,质朴却温顺,生活始终要从麻辣回归到温顺。

食　材　鱼头1只、当归1片、西蓝花一大朵

调　料　盐5克、米酒10克、冰糖2颗、油5克、生姜一大块

做　法

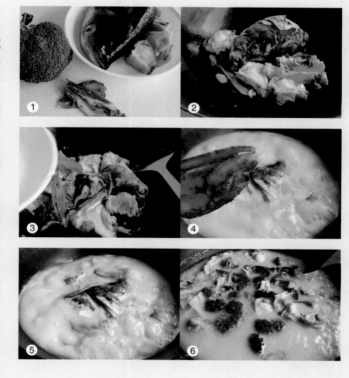

1　准备好食材，鱼头去掉鱼鳃，斩成
　大块，西蓝花也摘成小朵用清水
　清洗后浸泡备用。

2　锅烧热，倒油，把处理好的鱼头放
　到锅里用小火慢慢煎透。

3　倒入开水，大火煮沸，放入生姜和
　米酒，保持大火煮10分钟。

4　等汤色变成奶白色后，放入冰糖
　和洗净的当归。

5　再继续保持中火煮10分钟。

6　最后放入摘成小朵的西蓝花，用
　盐调味即可。

戏戏叮咛

　　鱼头虽然含有较多的蛋白质，但鱼头也是鱼身上残留毒素最多的部分，所以不要经常吃，一个月吃一两次就可以了。

　　煎鱼头和煎鱼一样，要用小火慢煎，不要急着翻面，一面煎透了再翻另一面，就可以保持鱼头的完整性。

　　当归药味比较浓，而且有点微苦，最好在汤里放点冰糖降低苦味，保证口感。

正气能量 冬虫夏草炖鹧鸪

人人都知道有句老话叫做"药食同源"。一旦生病，周围关于吃什么、怎么吃的关心就多了，各种各样的食疗处方纷至沓来，有说用冰糖炖燕窝，每晚一服，清心又润肺；有说用石斑鱼煮汤，伤口愈合最迅速；有说取西洋参炖鸡，补气养阴；更多人相信越贵重的药材越有疗效，所以，冬虫夏草被传说为药补的 No.1……其实，我心底依然认为，无论传闻如何玄幻，身体健康的基础还是来自心身的正能量。

食 材 冬虫夏草2根、鹧鸪1只、猪展肉1块、枸杞6粒

调 料 盐2克、米酒5克、生姜3片、生抽3克、冰糖2颗、白胡椒粉适量

做 法

1 准备好食材,鹧鸪洗净,斩件,加入盐、米酒、生姜、生抽腌制20分钟。

2 冬虫夏草用清水洗净备用。

3 猪展肉切块,加入米酒、盐、白胡椒粉腌制20分钟。

4 取一个炖盅,把腌制好的鹧鸪块倒入炖盅内。

5 放入腌好的猪展肉。

6 加入冬虫夏草,倒入两小碗清水。

7 放入冰糖调味。

8 盖上炖盅盖,放入上汽蒸锅中,隔水炖煮4个小时,出锅前十分钟放入枸杞即可。

戏戏叮咛

炖汤要求蒸汽充足,因为炖的时间较长,锅子必须加入足量的水,如果水烧干了,重新加水时要加入开水。

冬虫夏草又称虫草,价格比较贵,所以购买虫草时一要用手摸一下虫体的软硬程度。如虫体较软,能略弯曲,表面颜色深,有潮湿感,说明虫草不干,含水量大;如虫体僵硬,表面颜色浅,干爽,说明虫草干湿程度适中;二要细看虫草表面有无杂质,质量好的虫草表面颜色呈深黄色至黄棕色,头部红棕色,环纹明显清晰,如虫体表面有似纤维状的膜皮,或虫体颜色晦暗、环纹不清或头部与子座连接处膨大,有泥包裹着头部,看不见红棕色的头部,说明虫草表面附有杂质,掺杂增重。

鹧鸪现多有养殖的,腌制鹧鸪时可多放些米酒,去腥增香效果更好。

低调之美 淡菜虫草花炖鸡

从小就觉得淡菜很可疑，既不淡也不是菜，但每次妈妈煲汤的时候，总要往汤里丢几粒淡菜，煲出的汤水里就有一种神秘的海洋气息。后来才知道，原来淡菜就是晒干的青口螺肉，相比青口螺闪烁着梦幻的彩虹色，晒干后的淡菜则显得低调而丑陋，像极了晒干了的蝉，不过这又如何，食物如人，不可貌相。

🍊 **食　材**　鸡肉 500 克、干虫草花 20 克、淡菜 50 克

🧂 **调　料**　盐 5 克、料酒 10 克、油 5 克、生姜一大块

🔪 **做　法**

1　准备好食材。

2　将干虫草花用流动的水清洗干净，然后放到清水中浸泡。

3　淡菜要分别摘除表面那些根须，那里是藏污纳垢的地方，一定要清除。

4　用流动的水将淡菜表面的灰尘清洗干净，倒入料酒。用料酒泡发淡菜，可以减少淡菜的腥味。

5　锅烧热，倒入少许油，用生姜炝锅，然后把鸡肉放到锅里用大火翻炒至表面略焦。

6　此时，将淡菜与料酒一起倒入锅里与鸡肉一起翻炒，可以进一步去除淡菜腥气。

7　倒入开水，大火煮沸，煮 10 分钟成浓汤。

8　将煮好的浓汤转移到沙锅中，放入泡软的虫草花，放盐调味，小火慢炖 40 分钟即可。

戏戏叮咛

　　淡菜是贻贝类动物的贝肉，其实就青口螺的螺肉，在中国北方称为海红，南方即称为淡菜。淡菜的蛋白质含量高达 59%，并有补肾填精的作用，比较适宜中老年人和体质虚弱、气血不足、营养不良者食用。

　　虫草花对于防止高血压病、动脉硬化、耳鸣眩晕等也有很好的功效。

格调这东西 松茸炖鸡

不知什么时候,身边越来越多人流行吃菌菇。他们认为吃菌菇是一种时尚格调,既有肥嫩肉的味道又有低热高纤的健康。从一般的口蘑、凤尾菇、杏鲍菇再到高档的松茸,格调这种东西,一旦讲究起来,就会像多米诺骨牌一样,开了头就会产生系列的连锁效应。格调的追求是无限的,适时而止、量力而为才是正道,其实每样食物都平等,真没办法买到松茸来煲汤,好的香菇煲汤也是一样香的。

🍅 **食 材** 土鸡半只、干松茸 50 克、红枣 6 个、黄芪 10 克

🧂 **调 料** 盐 5 克、绍兴黄酒 50 克、红糖 5 克、生姜一大块

🔪 **做 法**

1 松茸用流动的水清洗干净表面的灰尘泥沙，放到料理碗中，用清水泡发 2 个小时。

2 土鸡放到大的汤锅中，加入清洗干净的红枣、黄芪、生姜。

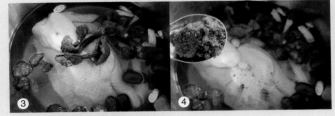

3 再把泡发的松茸及泡出来的水一起倒入锅里，并倒入绍兴黄酒，水量以没过鸡为准。泡发松茸的水也具有极高的营养价值，不用倒掉，用来煮汤是极好的。

4 加入盐和一大勺红糖，因为绍酒有少许苦味，加些红糖可以中和苦味，并且红糖的滋补效果也很好。

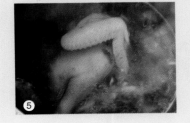

5 加上锅盖，大火煮开，小火炖煮 1.5 个小时，汤水呈现琥珀色为最佳。

戏戏叮咛

松茸是十分珍稀的纯天然野生菌菇，含有人体必需的多种氨基酸等营养成分，有滋阴、补肾、润肺、活血、健脑、养颜等功效，经常食用，能强身健体、延年益寿。

松茸煲出的汤水呈天然的琥珀色。用流动的水清洗松茸表面的灰土泥沙时要迅速，同时泡发松茸的水不要倒掉，用来煮汤不仅味道更浓，色泽也很漂亮。

这道汤因为用了黄芪、红枣等药材，并用绍兴黄酒做基底，属温补，很适合寒冷冬天食用，暖手暖脚效果明显。

故乡原味的觉醒 红椎菌炖尾笼骨

以前还不自觉，随着年纪增长，游历渐多，如果非要我挑选一个最贴心最踏实的美食还是会情归一汤一饭，尤其身体劳累甚至有点小病时，就更需要喝碗温润的汤水来支撑，实在是觉得没有汤汤水水可饮的日子比没有饭吃更可怜，因为汤汤水水是一种已经渗透到骨头里的爱。谢天谢地，像这样的暑湿天时，每次回到妈妈家，妈妈的灶上都会有小火炖着的家乡红椎菌汤，哗，顿觉游离散乱的心绪归了位。

其实，汤汤水水，除了是故乡原味的觉醒，更重要的是那份不可割舍的情感依赖。

食　材　尾笼骨 500、干红椎菌 80 克、干瑶柱 8 颗

调　料　盐 5 克、高度米酒 10 克、生抽 5 克、白胡椒粉 5 克、生姜一大块、香葱数根、油适量

做　法

1　准备好食材，干瑶柱洗净后放入碗中，用高度米酒浸泡。

2　尾笼骨斩成大件，加入生姜、生抽、白胡椒粉腌制 15 分钟后，锅烧热后，加入适量的油，小火煎香，加入泡好的瑶柱炒入味。

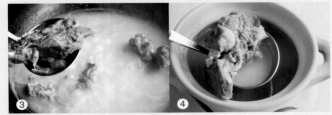

3　加入开水煮成奶白汤色。

4　再转移到沙锅中。

5　加入香葱结，将干红椎菌用流动的清水洗干净表面细沙及灰尘后，放入碗中倒入汤内，加入适量的盐调味，再用小火继续炖煮 40 分钟，直到汤水变成红色、红椎菌的香气弥漫即可。

戏戏叮咛

红椎菌生长在南方的椎木树下，目前只有野生，人工无法培育，煲出的汤水呈天然的红色，并非人工上色，但有些人看到汤水像血水会害怕，其实红椎菌的味道非常甘甜和清香，实在不用惊恐。

勿把红椎菌泡在水中过久，以免失去原来的色泽与味道，所以搓洗红椎菌泥沙时要迅速，即洗即用。

尾笼骨煲汤比较清甜又不油腻，很适合夏天煲汤以及口味清淡的人。

记得大火煮开后要用汤勺撇去血沫，这样煲出的汤水才清澈而且味浓。

进补到底 红皮花生炖排骨

　　是不是所有红色的食物都补血?至少我立刻能想到的红枣、枸杞、红豆,无一例外全都是老一辈人笃信的补血佳品。所以不难理解为什么每年到了花生成熟的季节,妈妈就会执著地到市场里,一家接一家地挑选,就是要把红皮花生找出来,再强制父亲和我配合她剥去坚硬的花生壳,然后趁着秋天高高的日头将其晒干,收藏好,就是因为相信无论是煲一碗柴鱼花生粥还是炖一盅排骨花生汤,都可以将补进行到底。

食　材　排骨 500 克、红皮生花生 200 克

调　料　盐 5 克、生抽 5 克、料酒 5 克、生姜一大块

做　法

1 取煲汤沙锅，将排骨洗净后，放入沙锅中，加入适量的清水，大火煮沸，用汤勺撇干净表面的浮沫，放入生姜、料酒与生抽，细火慢炖 30 分钟成浓汤。

2 炖汤的同时，把生花生用清水洗净表面的泥沙。

3 再剥壳取花生仁，红皮花生的皮特别的红，据说有很好的补血作用。

4 再用清水将花生仁清洗干净。

5 最后将清洗干净的花生仁放到排骨汤中，煲 1 个小时，加入盐调味即可。

戏戏叮咛

花生汤是很特别的一种汤，可根据自己的口感来决定煲煮的时间，比如想吃爽脆的花生就煲 20 分钟即可，如果想吃软糯一点的，可煲 1 个小时左右。但如果给老人和小孩吃，煲的时间越长越好，因为花生也不是很容易消化的食物。

传统的粤式汤水一般都是采用生料入锅炖煮，这样更接近汤水的原味，但要记得一定要撇干净表面的浮沫，这样煲出来的汤水才清澈。

牛牛总动员 牛腩牛蒡汤

　　一向对闷头在土地里憋劲暗长的食物有莫名的好感，像萝卜、马蹄、牛蒡这些经过春播秋收漫长生长期、大自然赋予耐煮气质的平凡食物，内藏的都是天地精华，只要懂得珍惜，自然便有好气色和好滋味啦。入冬后，阴气渐盛，万物的代谢都变慢了，人的身体此时最容易受寒的是脾胃，是时候打响冬日保胃战啦！牛腩炖牛蒡，牛牛总动员，够牛了吗？

● **食 材** 牛腩 500 克、牛蒡 1 根、洋葱 1 个、香葱 2 根

● **调 料** 盐 5 克、高度米酒 10 克、八角 2 个、香叶 2 张、蒜瓣 6 瓣、生抽 5 克、冰糖 3 颗、生姜一大块、桂皮一小片、白胡椒粉适量

做 法

1 买回来的牛腩用刀切成 5 厘米长的块状，放到锅里汆煮 5 分钟，使牛腩中的血沫溢出。

2 将煮过的牛腩用流动水冲洗掉煮出来的血沫与杂质。

3 生姜拍碎，洋葱切片，香葱做成香葱结，蒜瓣去皮，与八角、桂皮、香叶、冰糖一起放到煲汤袋中。

4 把处理好的牛腩和煲汤袋一起放到汤锅中，加入适量的水，淋入高度米酒、生抽，大火煮开滚煮 5 分钟后，调成小火煮 2 个小时。

5 同时把牛蒡去皮切成 5 厘米长的段。

6 1 个小时后，把牛蒡放到牛腩汤中再煮 30 分钟，加盐调味，出锅前撒上白胡椒粉即可。

戏戏叮咛

牛腩肉质比较紧很难煮烂，图方便的话，也可以将牛腩和牛蒡以及所有调料全部放到高压锅里煮 15～20 分钟。

牛腩的腥膻气比较浓，所以必须多用些香料去除异味。

牛蒡原产在中国，但因为其独特的香气以及强大的保健效果，被日本人奉为"东洋参"，使其功效得到肯定。高血压的人应该经常吃牛蒡。

牛蒡去皮后很容易氧化变色，所以要泡在清水中以防氧化。

理想传奇 椰香腊鸭土豆汤

在人的一生中,最难做选择的是35~45岁的不惑时期,面对残酷的现实,理想一点点剥落,谁也无法预知未来,就像一只只被埋在地下的土豆,憋着劲暗长,不知道哪天,被人们从地里拽出来时,人们会对着巨大无比的土豆躯体说:哟,我都说它有前途的啊!土豆觉得不愤:我在地下黑咕隆咚一个劲疯长的时候,你们谁知道?!所以说,在艰难岁月中坚持下来的,是强者。腊鸭、土豆都是在漫长时间里憋劲暗长的代表,能碰撞出什么传奇味道,你试试看。

食　材　腊鸭腿1只、土豆1个、椰汁250毫升

调　料　盐5克、料酒10克、香葱2根、生姜一大块、油适量

做　法

1　准备好食材。

2　腊鸭腿斩成大件,用清水泡软,同时也是为了减少咸味。

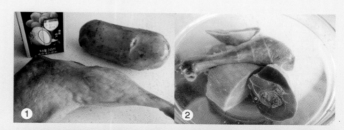

3　锅烧热,倒入少许油,把腊鸭块放到锅里煎至表面金黄,鸭腿都比较肥,这样也可以煎出一部分油分,使汤水不会太腻。

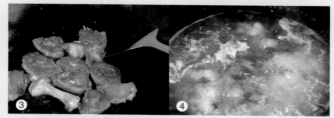

4　倒入一大碗水,大火煮沸,加入料酒、生姜块、香葱结,保持大火煮10分钟,煮成奶白色汤水,转移到沙锅中用小火炖30分钟。

5　炖鸭汤的时间把土豆去皮,切块,然后放到平底锅中煎至表面变硬。

6　把煎好的土豆块放到鸭汤中,调成中火煲煮15分钟。

7　最后倒入椰汁再煮5分钟,加盐调味即可。

戏戏叮咛

最好选择广式腊鸭腿。

广式腊鸭腿在大型超市都可以买得到,平时可买一些放在家里,临时加菜时切一部分下来炒蒜苗是极好的下酒菜。

广式腊鸭腿是用盐腌制后,经过风吹日晒,变成一种有特殊风味的食品,烹饪前最好用清水浸泡,使其变软。

土豆块一定要煎到表面变硬,这样煲出来后形状就会完整,淀粉多的薯类煲汤都应该如此处理,比如芋头、番薯等。

秋天的味道 秋葵炖鸡汤

每次在超市中看到包装得很好的秋葵，都很有冲动要拿一整包，煲汤、凉拌或是生食都无比畅快，实在是觉得这种只在秋天才出现的食材值得珍惜。很是欣赏这种不被温室大棚改造、倔强地坚持每年一季的食物，经过漫长而缓慢的生长才能拥有天然的味道，慢自然有慢的道理。等候一年才可以放肆地吃一回的秋葵，除了凉拌、清蒸，我还能怎样用心？当然是南方人不可缺少的饭前一啖老火汤，取新鲜土鸡半只，熬出香浓鸡汤，再下秋葵，使其最具营养价值的黏液与鸡汤缠绵相融，就得到深秋季节最具独特口感兼滋补无敌之汤品。

食　材　秋葵6支、土鸡半只、胡萝卜半根

调　料　盐2克、料酒5克、姜3片、白胡椒粉少许

做　法

1　准备好食材，鸡肉洗净后加少许盐、料酒、白胡椒粉腌制入味备用。

2　秋葵洗净，置于案板上。

3　用刀切去秋葵的蒂头，弃用。

4　再将秋葵切成3厘米长的小段，胡萝卜也切成大块备用。

5　将腌制好的鸡肉放入沙锅内，加入适量的水，放入姜片，大火煮开，倒入胡萝卜块，调成小火煮30分钟。

6　最后倒入秋葵煮10分钟，如果喜欢喝浓汤可以煮更长的时间。

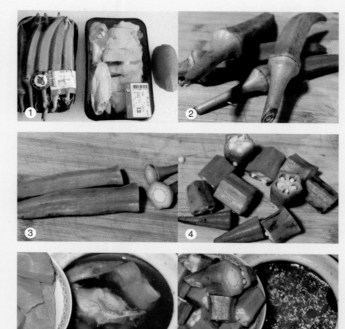

戏戏叮咛

　　煮秋葵时忌用铜、铁等金属器皿，否则会导致秋葵很快变色，对人体虽无伤害，味道却会打折扣，也不美观。

　　秋葵里面的子和胶液具有独特的保健功效，煮汤的时候，胶液都溶入汤中，使汤的口感变得滑爽可口，别具特色。

　　秋葵可以生食，但秋葵有一种怪味，很多人都不适应，所以煲汤的时候可适当煮久一点，使这种怪味在加热的过程中彻底消失。

悠然度夏　鲜莲炖水鸭

童年时，当荷花开得纷纷扬扬时，莲子初长成，调皮的男孩光着身子跃入水中嬉戏，而我这种又好吃又怯水的人，就只能就近摘一张大大的荷叶当帽子，坐在水边可怜巴巴地等待男孩们大发善心丢过来一个已经熟透的莲蓬。拿到男孩们丢给我的莲蓬，小心地用手掰开取出莲子，一点一点地咬开，细尝清香的美味。那时，风是最清新的风，空气透明而洁净，而我们的生活快乐又美好。好在现在菜市场里或便宜或高价的鲜莲子多的是，还配有专用剥莲机，只要自己肯花一点点时间回家顺着切割的刀痕轻轻剥去外壳，再撬掉苦苦的莲心，配以补血的红枣、清心的水鸭，熬煮成一碗充满莲香的夏日清补汤水，快乐的童年滋味跃然汤中，再恶毒的夏天也变得悠然起来。

食　材　水鸭1只、莲蓬2个(或鲜莲子200克)、红枣5~6颗

调　料　盐5克、高度米酒10克、香葱2根、生姜一大块、油适量

做　法

1　准备好食材,水鸭斩成大件。

2　锅烧热,倒油,生姜拍碎了放到锅中炒出香味,再把水鸭放到锅里爆炒至表面金黄。

3　炒至起轻烟的时候,加香葱结,淋入高度米酒(用米酒会比料酒更香),翻炒片刻,就可以倒入一大锅开水,大火煮沸,保持滚煮10分钟,转移到煲汤沙锅,小火炖30分钟。

4　炖汤的同时,把莲子从莲蓬中取出。

5　剥去莲子的硬壳。

6　再把莲子对半切开,取出莲心。因为莲心很苦,会影响汤的味道。

7　最后把红枣也切开去核,和莲子一起放到水鸭汤中,再炖煮20分钟,加盐调味即可。

戏戏叮咛

　　水鸭煲汤很清香,但还是比较腥的,所以在煲汤之前一定要爆炒,而且最好加高度米酒,这样去腥效果好。

　　莲心很苦,煲汤的时候要取出来,但也可以留一两个带莲心的莲子,苦口良药嘛,莲心也是降火去燥的东西,取出来的莲心可以晒干泡水喝。

戏心慢炖
一碗汤

吃啥补啥　天麻炖猪脑

我从来都不是一个随口主义、满口理论的人，在所有的美食指导中，我唯一能记得的就是"吃猪脑补脑，吃猪腰补腰，吃猪肝补肝"的此类说法，因为贴近生活，浅显易懂，"以形补形"的道理也明显，因此每次为了赶稿写到焦头烂额时，我听到的呼唤就是——天麻炖猪脑。嗯，世事万象，尊重身体需要，聆听心的呼唤就够了。

食　材　猪脑1个、猪展肉1块、天麻一小块、玉竹片一小片、川芎一小块、白芍一小块、红枣、枸杞少许

调　料　盐4克、米酒20克、冰糖4颗、生抽3克、生姜一大块、白胡椒粉少许

🔪 做　法

1　准备好食材。

2　认识下药材,图左起:玉竹、天麻、
　　白芍、川芎。

3　猪展肉加盐、白胡椒粉、生抽拌
　　匀,腌制 20 分钟。

4　将猪脑放到料理碗中，加入适量
　　的清水,利用水的浮力,用牙签把
　　猪脑中的血丝慢慢剔净。血丝一
　　定要清理干净，这样炖出的猪脑
　　汤才不会有腥气。

5　把洗好的猪脑放到炖盅内,加入玉
　　竹、天麻、白芍、川芎、红枣、枸杞。

6　放入生姜片和 10 克米酒。

7　放入腌制好的猪展肉。

8　加入一小碗清水和冰糖。

9　将炖盅放到上汽蒸锅中，盖上盅
　　盖,小火慢炖 3 个小时。

10 3 个小时后,打开盅盖,再淋入 10
　　克米酒,再炖 20 分钟,趁热食用。

戏戏叮咛

　　猪脑在制作前必须去掉上面的

血丝和筋膜,如果不去掉就会很腥;且猪脑较嫩易熟,制作猪脑应小火炖透,才嫩胜蛋羹。

　　猪脑汤一定要趁热食用,所以最好用炖盅慢炖,炖盅的保温效果也好。

　　炖猪脑可以多放些米酒去腥,由于长时间炖制,出锅前再放一次米酒,提香效果更佳。

　　猪展肉就是猪腱肉。放少许猪展肉同炖,可提高鲜味。

逆袭有理 猪横脷炖淮山

在物价一再创新高、通货膨胀的环境中，有钱人追求鲍参翅肚的虚荣，咱小老百姓没必要跟风追求高消费，因为菜市场里依然有很多你意想不到的实在好货，很亲民的价格，却同样具有相同的滋补功效，比如，猪蹄贵，你可以买便宜的鸡爪，都是补皮肤胶质的；海虾贵，选河虾喽，"春天虾，贱如沙"嘛；牛尾贵，你可以选猪尾，好吃又划算；猪腰贵，你可以买猪横脷嘛，猪横脷才1块多一根，用来煲汤一样是最适合春季去湿健脾的啦！谁说平民食材不可以逆袭成为春季养生明星?!

🥣 **食 材** 猪横脷1条、淮山药300克、红枣3颗、橘皮一小块

调　料　盐 2 克、米酒 10 克、生姜 1 块、冰糖 2 颗、葱头一小段、油适量

清洗材料　淀粉、盐适量

做　法

1　准备好食材。

2　用刀把猪横脷中间那条白色的筋膜去除干净。

3　然后用淀粉揉搓，反复清洗。

4　用刀把猪横脷切成合适大小，放到料理碗中，加入少量盐和清水，浸泡出血水，倒掉继续用清水浸泡至无血水。

5　锅烧热，倒入适量油，下姜、葱爆香，把猪横脷下到锅里煸炒。

6　煸炒至两面焦黄，淋入米酒，继续翻炒。

7　倒入一大碗开水，大火煮开后，用汤勺撇干净表面浮沫，直到汤水变清。

8　把猪横脷及汤水转移到汤锅中，放橘皮一起煮 1 个小时，放入淮山块和红枣，再煮 1 个小时，出锅前放盐和冰糖调味即可。

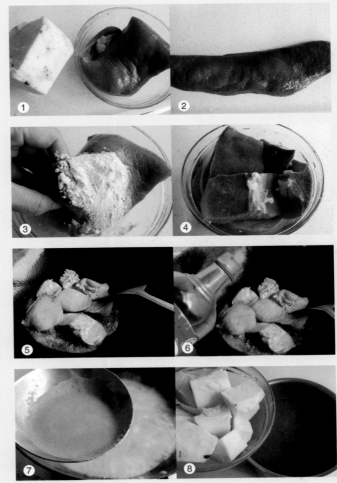

戏戏叮咛

猪横脷就是猪脾脏，长在腹部之中，与肠道横着连在一起的，像是一长舌，白话叫做"猪横脷"（广东人把嘴里舌不叫舌，叫"脷"；因为那像横着的长舌，所以称之为"横脷"）。可以健脾胃，助消化，养肺润燥，泽颜面色，去肝火，最适合春季煲汤食用。猪横脷里面有很多分解不了的毒素，烹饪前必须反复清洗，而且要浸泡至无血水后才可以使用。煲汤前要煎一煎，更能去腥。

猪横脷的口感有点类似猪肺，口感松松的，并不紧实，如果觉得味道单调，可以再切几块猪展肉或排骨一起煲汤，会更鲜美。

食之自由 新鲜玉竹炖鸡

食之自由就是身体需要什么，就去吃什么，所以每一个年龄段，身体所需要的吃食都不一样。最近偶染小恙，学中医的好友建议我多吃一些粗粮，特别是地里长的块茎类的东西，比如番薯、淮山药、马蹄、土豆之类的。有一日，路上见一农妇拿了些新鲜玉竹摆卖，让我突然想起小时候，妈妈到了冬天就会蒸玉竹给我们吃，高纤维又像甘蔗一样甘甜的玉竹会令我们越吃越过瘾。遇见玉竹，想起妈妈。

食　材　鸡肉 500 克、新鲜玉竹 6 根、红枣 5 颗、枸杞少量

调　料　盐 4 克、冰糖 5~6 颗、生抽 5 克、料酒 1 杯、生姜一大块、白胡椒粉适量

做　法

1　准备好食材。

2　鸡肉加入盐、白胡椒粉、生抽腌制 30 分钟。

3　玉竹剥去外层老皮，洗净备用。

4　把腌制好的鸡肉放到炖碗中。

5　倒入黄酒和适量的清水。

6　放入玉竹。

7　加入生姜、红枣、枸杞及冰糖。

8　拌匀，放入上汽蒸锅小火蒸炖 3 个小时。

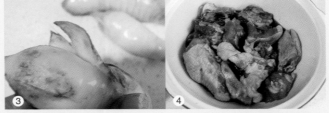
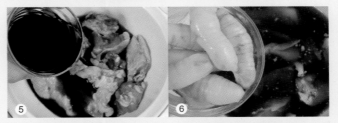

戏戏叮咛

玉竹，是百合科植物，食用前要将外层的老皮剥除干净，取鲜嫩的根茎食用。

一般药房可以买到的玉竹都是炮制后切片的玉竹。将玉竹采挖洗净后，晒至柔软，经过反复揉搓，晾晒至无硬心，晒干、切片药用，治肺胃燥热、津液枯涸、口渴咽干等症，而胃火炽盛、燥渴消谷、多食易饥者，亦有功效，玉竹片也是广式清补凉的主要用料。

新鲜玉竹也可以直接蒸着吃，口感粉粉糯糯的，味道类似甘蔗。

美食减压 红枣兔肉汤

有时发现,情绪这玩意,不仅是源于自身,更多的时候,来源于他人。一个人面对自己的情绪状态,奇奇怪怪、真真假假,都不知应该从哪里开始检查,如何着手修理。有人选择打太极,有人选择练瑜伽,有人选择听励志课……我呢,往往会闭上眼睛深呼吸,想念一碗减压红枣兔肉汤。

食　材　兔肉 300 克、新鲜青豆 100 克、红枣、枸杞各 20 克

调　料　盐 2 克、生抽 5 克、料酒 10 克、白胡椒粉 5 克、姜 5 片

做　法

1　准备好食材。

2　取小锅一个，加水，烧开后，把兔肉下到锅里汆煮 3 分钟，煮出肉中的杂质和血沫。

3　将煮好的兔肉倒到筛网中，用流动的水清洗掉表面的浮沫。

4　把处理好的兔肉放到煲汤沙锅中，加姜片、料酒、生抽，同时用清水把红枣、枸杞洗干净。青豆也清洗干净备用。

5　把沙锅放到灶上大火煮沸，用锅勺把浮沫撇干净，保持大火滚煮 5 分钟，转成小火再煮 30 分钟，倒入青豆。

6　再把清洗干净的红枣、枸杞放到锅里，中火煮 20 分钟，青豆煮熟，加盐、白胡椒粉调味就可以了。

戏戏叮咛

　　兔肉温和，且脂肪含量较低，很适合老人和儿童。想减肥的人吃兔肉根本无压力。

　　兔肉在煲汤前，最好汆一汆水，这样煲出来的汤就很清澈，而且没有异味，如果想喝浓一点的汤，就先把兔肉过下油再煲，这样煲出来的汤会更白、更浓。

我爱饭豆 猪脚眉豆汤

眉豆是初冬季很应季的一种食材，对于老人、小孩和脾胃虚寒、精神委靡不振者都有很好的食疗作用。在两广，眉豆也叫做饭豆，因为眉豆煮后有米饭之香，既可为汤也可为饭，滋润又管饱。眉豆是粤人所习称。饭豆，主要为广西地方称谓。我是喝眉豆汤长大的，所以从来我都是一群朋友中胃口最好的一个，朋友们甚至还封我为"大胃宅戏"，哈哈。

🍅 **食 材** 猪脚1只、眉豆200克

🧂 **调 料** 盐2克、米酒10克、香葱6根、姜一大块

🔪 **做 法**

1 准备好食材，用刀片将猪脚小心地刮去表面的细毛，洗净之后用刀斩成大件，再放入盘中，用清水浸泡1个小时，去尽猪脚中的血水。

2 眉豆洗净表面灰尘后，也倒入碗中，加入适量温水浸泡1小时，直至眉豆体积变大，饱满充盈。

3 把浸泡好的猪脚从清水中捞出，放入汤锅中，加入适量的水，倒入米酒，姜拍碎，香葱打结成香葱结，一起放入锅中大火煮开，转小火炖煮1个小时。

4 加入泡好的眉豆，再煮30分钟，豆子开花了，猪脚软糯了，放入盐调味即可。

戏戏叮咛

眉豆气清香而不串，性温和而色微黄，与脾性最合，特别适宜脾虚便溏、饮食减少、慢性久泄，以及妇女脾虚带下，小儿消化不良者食用；同时适宜夏季感冒后挟湿、急性胃肠炎、暑热头痛头昏、恶心、烦躁、口渴欲饮、心腹疼痛、饮食不振的人服食。

肿瘤患者宜常吃眉豆，有一定的辅助食疗功效。

眉豆在烹调前应用温水浸泡再食用，因为眉豆中有一种凝血物质及溶血性皂素，部分人生食后3～4小时可引起头痛、头昏、恶心、呕吐等中毒反应，所以一定要煮熟、煮透后食用。

眉豆煮汤会使汤的颜色变暗，但这正是眉豆汤的特色。

猪脚在烹饪前用清水浸泡，去尽血水，可以使煲出的汤水没有异味，并且汤水更润滑。如果用沙锅炖煮猪脚汤，则要注意经常用汤勺翻底，以防猪皮粘锅。

戏心慢炖
一碗汤

素美食健身季 南极冰笋鸡汤

冰笋,是一种素食。按理说,像我这样的肉食动物,如果不是因为重要的事或者重要的人或我自己心血来潮,是绝对不会主动吃素的。不过,去年春节过后一场小疾,差点让我身心崩溃,苟延残喘数日,痛定思痛,觉得其实也并非完全是自己身体机能老化而应得的报应,而是如今环境气候的变化令本来应该给我们提供营养的食物变成了可怕疾病的来源。是时候调整自己的食物结构了,或许到了一大把年纪以后,健康的生活态度也应该是生活的重点了,比如每周吃一天素,多吃点纯天然的食物,每年旅行一两趟……

食 材 南极冰笋 20 克、土鸡腿 2 只

调 料 盐 2 克、米酒 10 克、香葱 1 根、白胡椒粉 5 克、姜一大块

做 法

1 准备好食材。

2 将南极冰笋放到清水中浸泡 1～3
   个小时，从干硬的条状泡涨成有
   弹性的柱状。

3 泡发的南极冰笋表面会比较滑，
   加一点盐搓洗一下，可以去掉滑
   腻感。

4 先把土鸡腿斩成大块，放到锅里
   汆一汆，去掉血沫，这样煲出来的
   汤会更清香。

5 把汆过的鸡腿放到汤锅里，加入
   盐、姜、米酒、香葱和适量的水煮
   20 分钟。然后把泡发的南极冰笋
   放到鸡汤里，再煮 20 分钟，加入
   白胡椒粉即可。

戏戏叮咛

南极冰笋口感类似海带，要用清水浸泡 1～3 个小时，泡软了才可以烹制，可以凉拌、炒、涮火锅等。

因为南极冰笋是海产品，所以有点腥，在烹饪的时候要加入生姜和米酒去腥。

有降有升 海底椰炖牛骨

生活有时真像坐过山车,尽管一早明白过程有起有跌,但在低潮接踵而来之时,身处其中只能被动地接受排山倒海般而来的晕厥、刺激和绵绵不断的恶心、后怕。这个时候,通常会觉得生活无趣,首先会作践胃口,吃什么都不会觉得有食欲。不想思考、不想活动,最合适的方式就是煲一煲海底椰牛骨汤,尤其在下着雨有点凉的秋夜,待牛气冲天的时刻,用这一碗暖身汤水开启接下来的放松心情——人生从来都是有降就有升。

🍅 **食　材**　牛骨 500 克、瑶柱 5 颗、海底椰 20 克、红枣 6 颗、黄芪 5 克

🧂 **调　料**　盐 2 克、料酒 10 克、油 5 克、香葱 1 根、生姜一大块

✏️ **做　法**

1　烧开一锅水，把牛骨放到烧开的水中氽煮 5 分钟，加入香葱结可以增加香气。

2　氽煮过的牛骨用清水冲洗，去掉膻气与血沫，沥干备用。

3　锅烧热，倒油，下沥干的牛骨，小火慢煎，煎至表面金黄，下洗净的瑶柱，倒入生姜与料酒爆炒出香气。

4　倒入开水，大火煮沸，保持中大火继续煮 10 分钟，煮成奶白色汤水，转移到沙锅中。

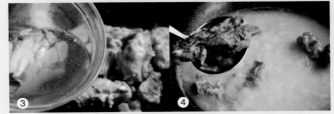

5　将海底椰、黄芪、红枣清洗干净。

6　最后倒入沙锅的汤水中，小火慢炖 1 小时，用盐调味即可。

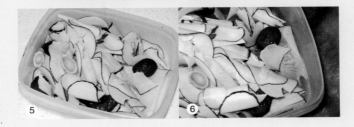

戏戏叮咛

　　海底椰也称为海椰子，并非生于海底，而是非洲的一种特有的棕榈科植物，一棵海椰子树的寿命长达千余年，可连续结果 850 多年。

　　海底椰是一种夏季常见的汤料，有滋阴润肺、除燥清热、润肺止咳等作用。按产地分有非洲海底椰和泰国海底椰，非洲海底椰个头很大，一般切片出售，而泰国海底椰只有一颗栗子大小，一般整个出售，在形状上很容易辨认，厚的、冷冻的是泰国产，很薄片的干货是非洲产。

　　牛骨也是腥膻气很浓的食材，所以最好在烹饪前长时间浸泡，但如果赶时间的话，就可以采用先氽煮 5 分钟，再用清水冲洗的方法，这也能够去掉部分腥膻气。

美丽的秘密 安神桂圆乳鸽汤

俗话说"一鸽顶九鸡",意思是鸽子的营养价值要比鸡高得多得多,尤其是鸽血更是传说中女人的恩物。每次回到娘家,妈妈就会默默地去菜市场买回一只乳鸽,放些红枣、桂圆、党参,再花几个小时慢炖,然后逼我喝下。妈妈最心疼经常熬夜写稿的我,因为她最懂熬夜是对女人最大的伤害,所以以前她当护士值夜班的时候,都会偷偷在隔壁宿舍的电炉上炖一锅乳鸽汤,下了夜班就马上喝掉。哦,难怪妈妈的皮肤一直都是白里透红,原来这就是她的美丽秘密。

食　材　乳鸽1只、桂圆10颗、红枣6颗、党参2根、枸杞一小把

调　料　盐5克、大葱白1根、生姜一大块、食用油少许

做　法

1　乳鸽请店家负责宰杀并去掉内脏。一般来说，乳鸽最滋补的就是鸽血，所以乳鸽最好保持整只烹煮，斩件会影响乳鸽的营养价值，血水会比较腥。首先在锅里倒入少许食用油，把乳鸽整只放到锅里用慢火炸至表面金黄，增加煎炸的香气，可以很好地掩盖乳鸽的腥膻味。

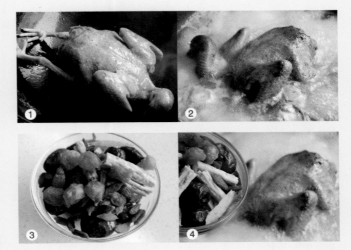

2　把乳鸽煎香之后，加入开水，大火滚10分钟，同时加入姜、葱段去腥。

3　大火滚煮的时间，把准备好的桂圆、红枣、枸杞、党参放到碗里，用清水洗净备用。

4　等到滚出白白的汤水时，把乳鸽连汤一起倒入汤锅中，加入桂圆、红枣、党参、枸杞，小火炖煮1.5小时，变成浓厚汤水时加盐调味即可。

戏戏叮咛

一般来说，乳鸽是不用放血的，宰杀时先用绳子套住乳鸽的脖子将其勒晕，过程比较残忍，所以建议还是请店家代劳。

现代养殖的鸽子一般比较肥腻，所以在煲汤之前要先稍微煎一煎，把皮下的肥油逼出来，这样也可以减少鸽血的腥膻味。

黄芪、桂圆、红枣都是对女人补血补气最好的恩物，平时也可以经常将这三样东西泡水喝，长期坚持可以很好地改善气色，特别适合经常熬夜的女人。

酒香浓浓 甜酒排骨汤

正如南桔北枳，北方的醪糟到了南方叫甜酒，其实我更认同甜酒这种叫法，因为只有这种甜甜的酒是老少皆宜的。特别是对于女人来说，甜酒不仅好喝，更具有补气养血的功效，是女人的恩物。寒冷的冬天里煮这道汤，并请一定要趁热喝下，手脚和心里都暖暖的，酒香浓浓，怕冷姐妹们千万不要错过哦。

食 材 排骨 500 克、甜酒 200 克、红枣 6 颗、枸杞 20 颗

调 料 盐 5 克、生姜 1 块

做 法

1 准备好食材,红枣、枸杞提前用清水浸泡,洗去表面灰尘。

2 取一个小锅,烧开一锅水,把排骨放到开水中氽煮 3 分钟。

3 氽煮后的排骨,放到流动的水中洗去血沫,这样才可以保持这道汤纯正。

4 将处理好的排骨放到汤锅中,生姜也拍碎放到锅中,加入红枣、枸杞,大火煮沸后,保持大火煮 5 分钟,调成小火煲炖 40 分钟,加入甜酒,再煲炖 20 分钟,加少许盐调味即可。

戏戏叮咛

甜酒也叫江米酒、糯米酒、醪糟。传统中医认为,甜酒甘甜芳醇,能刺激消化腺分泌,增进食欲,有助消化。

甜酒的主要原料是糯米,糯米原来不好消化,但经过酿制后营养成分更易于人体吸收,特别适合中老年人、孕产妇和身体虚弱者,是补气养血之佳品。

用甜酒炖制肉类能使肉质更加细嫩,香味浓郁。

时间的功力　雪梨煲猪肺

　　始终执著地认为，像雪梨煲猪肺这样的汤水，最好在酒店里喝，皆因这一碗汤中，喝的全是时间和心机。毫不夸张地说，仅是反复清洗猪肺这一道工序，保证清除所有的血水和泡沫，简单的灌、挤、捏三个动作至少重复上百次，洗净之后还要经过炒锅小火慢炒，确保将余下的血水逼出，又是漫长而枯燥的过程，没有三五小时的功力，无法保证吃到嘴里的是一碗鲜美滑润的汤水，所以如果遇上愿意为你煲一煲雪梨猪肺汤的人，千万要珍惜。

🍅 **食　材**　猪肺1副、排骨200克、雪梨2个

🧂 **调　料**　盐2克、姜6片、料酒10毫升、白胡椒5颗、油少许

🔪 **做　法**

1　猪肺处理起来很麻烦，建议大家一次购买一整副，处理干净，保存起来慢慢吃。

2　找到猪肺的气管，接上水笼头，让流动的水填满整个肺部。

3　双手用力挤出猪肺中的血块、血沫。

4　再次填充水分，再用力挤压，这个过程约为30分钟，需要有耐心。

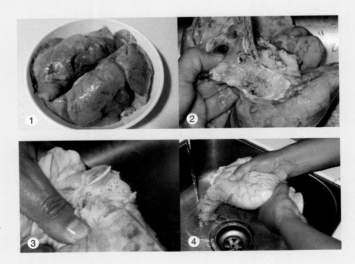

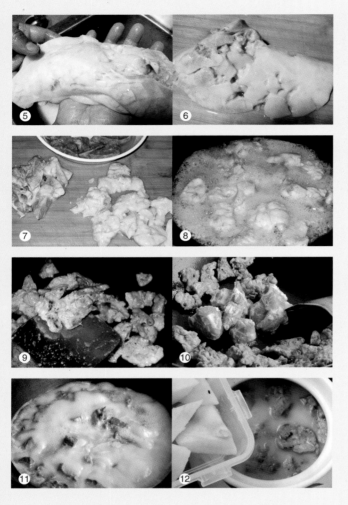

5　直到猪肺里面的血块、血沫完全被清洗出来，整个猪肺变成白色。

6　清洗干净的猪肺挤干水后，放到案板上。

7　用刀把那些筋膜切掉，再切成大块。尽量切大块一些，因为煮出来会变小。

8　锅烧热，不用倒油，把猪肺下到锅里，煸出水分。

9　待猪肺干焦后可以倒入少许油，小火把猪肺煎至表面金黄。猪肺就算处理好了，晾凉后可以分成两份，分别放到保鲜盒里冷冻保存，随吃随用，就不用每次都花大把的时间清洗了。

10　留一份处理好的猪肺在锅里，拨到锅边，中间再倒入少许油，下排骨和生姜块煎至两面焦黄后，再混合后一起炒出焦香味。

11　马上倒入一大碗开水，大火煮开，保持火候煮 10 分钟，煮成奶白色的汤水。

12　将猪肺连同汤水一起移到沙锅，加入盐、料酒，白胡椒拍碎后也加入汤内，开小火慢熬 1 个小时。最后将削了皮切块的雪梨放到猪肺汤内，再煮 30 分钟即可。

戏戏叮咛

猪肺一定要清洗干净，以洁白为检验标准，没有清理干净血水、血沫的猪肺，煲出的汤是有异味的。因此，清洗的过程漫长而复杂，需要极大的耐心。

想要煲出的猪肺汤更鲜美，可以加几块排骨一起炖煮，味道更浓。

处理好的猪肺分成小份分别放到保鲜盒里，放在冰箱冷冻保存，随吃随用，这样就不用每次都花大把的时间来清洗猪肺了。

戏心慢炖
一碗汤

第 二 篇

清爽省时快手汤
15 分钟就可以喝到好喝的汤水

　　尽管好多人都知道喝汤是一种享受,但现代人总是忙、忙、忙,有时候忙到都忘记了吃饭,煲汤这回事都好像显得特别奢侈。但如果给我 15 分钟,我一定会走入厨房,快手煲一碗全无难度的好喝的汤水, 反正每天抽 15 分钟就可以更好地宠爱自己,何乐不为。

特殊味觉的消暑汤 清香鸡杂汤

　　博大精深、丰富多彩的味觉世界，专注于某种固定的味道未必不好，但我觉得更应该牢记万千世相，多尝试一些新的味道，将来的回忆就相对更丰满一些。记得前些年夏天，到梧州觅食，朋友带我到他岑溪的老家，单一只白切三黄鸡配姜葱碟，清爽之极，最绝的是浸鸡的汤水也不浪费，将鸡胗、鸡肝、鸡肠一股脑丢进去浸透，然后随手在屋前的菜地揽一把紫苏、薄荷和香菜，切碎放入同煮，哇，顿时画龙点睛了！这一碗快手汤水融合各种乡土滋味，闻一闻气息都觉得精神抖擞，各种难言的伏夏燥热、火气、胃疲，统统都荡然无存。燥热无比的伏夏天，分外思念一碗特殊味觉的消暑汤水。

● **食　材**　鸡胗 2 个、其他鸡杂若干，小番茄 10 个、香茅 2 根、蒜瓣 2 个、香菜一小把

● **调　料**　盐 2 克、生抽 5 克、白胡椒粉 2 克、料酒 10 克、沙姜一小块

● **清洗材料**　干淀粉适量

● **做　法**

1　准备好食材，鸡胗反复用干淀粉搓洗干净，再改刀切成十字花刀的薄片，与其他鸡杂一起加入盐、生抽、料酒、白胡椒粉和拍碎的沙姜、干淀粉抓匀腌制 5 分钟；香茅也切成小段，小番茄用清水清洗干净备用，香菜洗净切段备用。

2　锅里倒入 1000 毫升的清水，把香茅段放到水里，蒜瓣也拍碎了放到锅中，开火煮沸，煮 10 分钟，煮出香气。

3　把腌制好的鸡杂倒入香茅水中，大火煮沸，保持滚 5 分钟。

4　小番茄改刀切成两半，倒入汤中。

5　再把香菜段倒到汤中，大火再煮沸就可以了。

戏戏叮咛

鸡杂还包括鸡肝、鸡肠等，但只有鸡胗口感最好，肉也脆口。吃鸡杂的时候，注意一定要将鸡杂清洗干净至无异味，否则会导致整锅汤都功亏一篑的。

香菜很容易栽种，可以自己在阳台上种一些，想吃就拔几根，往往可以在菜品中画龙点睛。

沙姜是一种有特殊香味的调料，岭南人吃白斩鸡必须要配姜葱碟，这个姜不是指生姜，而是指沙姜，沙姜配海鲜也是一绝。

香茅也叫柠檬草，如果买不到新鲜的香茅，可以在超市的花草茶柜台购买晒干的香茅，也就是柠檬草。香茅可以驱虫，在夏天可以在家里点燃一些柠檬草驱蚊，这是非常天然的蚊香哦。

纠结的爱 泰式冬阴功汤

吃辣真的类似抽烟,第一次印象总是不好的,慢慢就会上瘾,上瘾后就很难戒掉了。相信过半的地球人不能一日无辣椒,中国的水煮鱼,泰国的冬阴功汤,无辣不欢。一般人以为辣椒辛辣,吃了会令人火气大,但实际上辣椒温中、散寒、除湿,治胀胃虚弱,湖南、四川等无菜不辣的地区,男女身壮、面色红润就是得益于辣椒的功效。但是,辣椒也是中年以后很多疾病的起源,才刚刚学会适应辣椒,生活中就必须戒掉辣椒,人生,永远那么纠结。

🍅 **食 材** 鲜虾 500 克、小番茄 10 个、青辣椒 1 个、洋葱 1 个、指天椒 2 个、山姜末 20 克、香茅 2 根、青柠檬 2 个、椰汁 1000 毫升、油适量

调　料　盐 2 克、鱼露 5 克、油咖喱 20 克、薄荷叶 10 张、蒜蓉 10 克

做　法

1　准备好食材。

2　鲜虾用剪刀剪去虾枪、虾须,并用
　刀在虾背上划一刀,挑去虾线,清
　洗干净,加入鱼露腌制 15 分钟。

3　腌制虾的同时,将香茅切成小段,
　指天椒切椒圈与山姜混合,薄荷
　叶切成细丝,洋葱、青辣椒切圈,
　小番茄切对半备用。

4　锅烧热,倒油,下山姜末、蒜蓉炒
　出香气。

5　加入一勺油咖喱炒散。

6　再把腌制好的鲜虾放到锅中炒至
　变色。

7　冲入椰汁,煮沸。

8　把切好的香茅放进汤中,继续煮 5
　分钟,适当加些盐调整味道。

9　加入洋葱、青辣椒和小番茄煮 2
　分钟。

10　最后,出锅前撒入薄荷叶,上桌
　后挤上青柠檬汁即可。

戏戏叮咛

　　山姜也叫做高良姜,性温、微辛辣、健胃,治消化不良、腹痛、呕吐等,因为有一种特殊的芒果香,这也是冬阴功汤果味的来源。

　　正宗的冬阴功汤应该用椰浆,但椰浆不宜买到,改用椰汁也是可以的。

　　油咖喱一般超市里都有售,实在找不到,用咖啡粉也可以,但要注意控制用量,如果老人和小孩食用要适当减少咖喱的用量。

鱼的娱乐精神 鱼腐煮豌豆尖

相传在乾隆年间,顺德乐从镇有一孝女,常见老父郁郁寡欢,便想出从新鲜鲮鱼上刮出鱼青,加入调料和鸡蛋搅匀,捏成丸子,放到油锅中炸成金黄色,烹制出一道新菜。老父亲品尝了这道新菜以后,露出了难得的笑容,于是,这道菜便被叫做"娱父",也就是娱乐父亲之意。由于"娱父"的主要用料是鲮鱼,又形似炸豆腐,最后便谐音为"鱼腐"而流传开来。鱼腐是一种百搭食材,可单独成菜做成红烧鱼腐,也可以将鱼腐与冬菇、蚝油一起焖透。鱼腐久煮不烂,松软嫩滑。草长莺飞的春天里,摘一把刚刚冒出绿芽的豌豆苗,与鱼腐一起煮,更觉春日"嫩头"可贵,愉悦之情乐在其中。

🍊 **食　材**　鱼腐 250 克、豌豆苗 500 克

🧂 **调　料**　盐 2 克、米酒 5 克、高汤 300 克、姜 2 片

🔪 **做　法**

1　准备好食材。

2　鱼腐虽然是鱼制品，但一般在南
　方菜市场内，多与豆腐等制品放
　在一起出售，要选择外皮薄如蝉
　翼，透明如轻纱者为佳。

3　在挑选豌豆苗的时候，要用手指
　掐一掐茎秆，能轻松掐断，叶子显
　现嫩绿水灵的为好。

4　豌豆苗摘下鲜嫩的豌豆尖，用流
　动的水清洗，注意将叶上的虫卵
　清除干净，最好用淡盐水浸泡 30
　分钟。

5　锅里倒入高汤，下姜片煮开，倒入
　米酒煮出香气后，放鱼腐煮 2 分
　钟，让鱼腐吸收高汤之味膨胀
　起来。

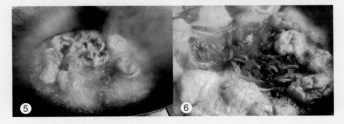

6　最后，把豌豆尖下到汤水中，放盐，大火稍微煮开即可出锅。

戏戏叮咛

　　豌豆尖独有一股特殊的清香味，所以烹饪最惧浓油赤酱，越纯粹越好，千万不要随便或任意添加太
多的调味料，不要轻易毁了豌豆尖最美好的清淡味，仅需要一点点盐调味即可。

　　平时煲骨头老火汤的时候可以留一小碗（200～300 毫升）汤水，放保鲜盒内保留两天，煮快手汤时，
就是最好的汤水原汁，更能突出鱼腐的爽滑和豌豆的清香。最好不要用调制的高汤料包。

自己最爱 毛蟹白菜汤

吃喝这回事，追求高档或稀罕是一种猎奇心理，吃自己爱吃的才是真的幸福。正如中华毛绒蟹，在上海叫做大闸蟹身价百倍，在北部湾叫做毛蟹，贱过白菜。你有你吃大闸蟹的腔调，我有我吃毛蟹的风格。毛蟹煲白菜，十分钟不到的程序，连环紧扣，一气呵成，如此鲜嫩甘甜的极品就可放在眼前了。吃自己爱吃的才是一种真幸福。

🍅 **食　材** 毛蟹 2 只、白菜心 1 颗

🧂 **调　料** 盐 2 克，高度米酒 10 克，姜末、葱花、蒜蓉各适量

✎ 做 法

1 毛蟹用刷子清洗干净表面的泥沙,先用刀切去两个锋利的螯,再把蟹壳掰开。

2 将蟹鳃、蟹心去除干净。

3 并用刷子再次将毛蟹的里里外外清洗干净。

4 用钳子把蟹螯夹碎备用。

5 锅烧热后,下姜、葱、蒜爆香,再把处理好的毛蟹放到锅里爆炒至变色。

6 迅速淋入高度米酒,可以更好地提香。

7 加入开水,煮成白汤。

8 煮汤的同时,把白菜心洗净,切段,待蟹汤煮好后,把白菜倒到锅里。

9 保持大火再煮 10 分钟,加盐调味,即成一锅快手鲜汤。

戏戏叮咛

　　毛蟹生长在河里、水塘中,所以泥沙比较多,烹饪时一定要用刷子仔细刷洗干净。

　　毛蟹性寒,所以必须爆炒,并用高度米酒祛寒,这是粤式小炒最常用的提香方法。

　　这道菜非常鲜美,出锅前放少许盐调味就可以了,千万不要太早放盐,以免使白菜水分过早流失,就不够鲜嫩了。

适时而食 花蟹苦瓜汤

　　说起吃蟹，通常令食客疯狂的是大闸蟹，但令我疯狂的还是海边的花蟹。最靓的花蟹必须现捕现烹，海里的东西一旦离开了海水，那些海洋气息，随着时间的增加，就会一点点地消失殆尽。恍然发现，时间就是如此的坏蛋东西，当我们年轻时，它是那样古老而缓慢，冲着我们慈祥地笑着；当我们慢慢衰老时，它却又是那么神清气爽，一脸坏笑地向前冲，我们必须有一张适度成熟的脸，但也必须要一颗永不服输的心，才能与时间和谐相处。花蟹煮凉瓜，最是适合一路追赶时间、矢志吃苦又好尝鲜的不服输的你我。

食　材　花蟹(梭子蟹)2只、苦瓜1根

调　料　盐8克、料酒10克、白胡椒粉5克、生姜一大块、油适量、姜、葱、蒜末适量

做　法

1　准备好食材。

2　花蟹可参照"毛蟹白菜汤"的步骤宰杀处理好,加3克盐、料酒、白胡椒粉拌匀腌制15分钟入味。

3　同时,把苦瓜洗净切片,把切好的苦瓜放到料理碗中,加2克盐用手抓一抓,挤出部分水分,可以令苦瓜更脆爽而且苦味也会减少一些。

4　锅烧热,倒油,把腌制好的花蟹放到锅里爆炒至变色。

5　爆炒的过程中,加入姜、葱、蒜末,可以提香,同时能中和花蟹的寒性。

6　然后加入一大碗开水,大火煮沸。这类凡是要爆炒为前提的汤,最好用开水煮,这样汤色会变得很白,而且也更适合食材中的营养物质释放。

7　保持大火煮7~8分钟,最后放入苦瓜煮3分钟即可。

戏戏叮咛

　　这里一道非常适合夏秋季节降火去燥的汤水,如果不喜欢苦瓜的苦味,可以加一点白糖调味,但我建议特别是夏天必须吃一点苦,对身体好。

　　蟹性凉,煮汤的时候要多放些姜、葱来中和凉性。

　　凡是要爆炒为前提的汤,最好用开水煮,这样汤色会变得很白,而且也更适合食材中的营养物质释放。

一物降一物 豌豆螺肉汤

粤语俚语里有句话是这么说的"执豆都毋梗易",意思是指要做的那件事相当容易没有难度,就好似去地里执豆一样简单。做豌豆汤同样也很简单,用豆浆机将豌豆打磨成豆汁加入盐,最重要的是,你一定要加入足够的奶油,才能掩盖住那令人讨厌的豆青气,一物降一物,顽固的豌豆自然会有温柔的奶油来化解。

🍅　**食　材**　螺肉 500 克、豌豆 300 克、鲜奶油 200 克

🧂　**调　料**　盐 5 克、料酒 10 克、生抽 5 克、蚝油 5 克、香葱 2 根、生姜一大块、水淀粉少许、油适量、

香油少许

✒️　**做　法**

1　准备好食材，螺肉细心清洗干净
　　肠子和表面的细沙，豌豆也清洗
　　干净备用。

2　把豌豆放到豆浆机中，加入适量
　　的水，设成蔬菜汁的模式，放一旁
　　打汁。如果家里没有豆浆机的，可
　　以先把豌豆煮熟，再用食物搅拌
　　机打磨成汁。

3　把煮好的豌豆汁过滤一次，再倒
　　到炒锅里。

4　加入鲜奶油。

5　开小火，用汤勺顺一个方向搅拌，
　　煮至微沸成充满奶香的细腻汤羹
　　后，倒入碗中。注意鲜奶油不要煮
　　太长时间，微沸就可以关火了。

6　把锅洗净，烧热倒油，下剁好的
　　姜、葱末爆香，再把清洗干净的螺
　　肉下到锅中翻炒，加入料酒、盐、
　　生抽、蚝油调味。

7　然后将水淀粉缓缓淋入锅中收
　　汁，使汁料紧紧地裹住每一颗螺
　肉，淋入少许香油，再把炒好的螺肉放入煮好的豌豆羹中，趁热食用。

戏戏叮咛

豌豆及所有的豆子都有一种豆青气，必须煮熟才能食用，所以加入奶油来中和豆青气是极好的。

打出来的豌豆汁最好过滤一次，这样煮出来的豌豆羹纤维感就少。

螺肉可以替换成各种自己喜欢的螺贝，比如元贝、北极贝、花甲螺、红螺等。

顺其自然 车螺苦瓜汤

北部湾人说的车螺其实就是海蛤，海蛤可以炒着吃、蒸着吃，但老家这边的做法一般都是煮汤。北部湾人认为，螺汤天下第一鲜，在煮鸡汤的时候丢几只车螺进去就能起到画龙点睛的效果。以前我做这款汤的时候怕车螺不开壳，总是冷水就下锅，结果螺肉很老，后来发现水开后再放车螺，壳受热自然就打开了，而且这样煮出来的螺肉很鲜嫩。有些汤水不需要太多技巧，顺其自然就可以了，正如做人亦不需要太多技巧，顺其自然已是最好。

🍅 **食 材** 车螺 500 克、苦瓜 1 根

🔖 **调 料** 盐 2 克、料酒 10 克、白糖 5 克、生姜一大块

🧄 **特别准备** 指天椒 1 只

🔪 **做 法**

1 准备好食材。

2 车螺买回来后，放到水里静养半天，在水里加入一只切开的指天椒，可以更好的帮助车螺吐沙，这个办法也适用于田螺、扇贝等各种螺贝类。

3 锅置于灶上，加入一大碗清水，放入姜丝、盐、料酒，煮开，煮出香气，把吐净泥沙的车螺放入生姜水中保持大火煮 5 分钟，一直煮到每个车螺都开口。

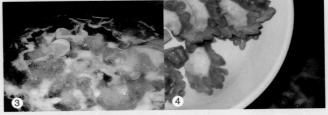

4 煮车螺的同时，把苦瓜洗净，切成薄片，放到车螺汤中，煮 3 分钟，加入白糖调味即可。

戏戏叮咛

车螺长在海边的泥沙层中，所以买回来之后，最好静养半天让其吐沙，在水里放入切开的指天椒，让车螺喝辣椒水，可以让它快速吐沙。

煮车螺一定要开水入锅，这样煮出来的螺肉才会鲜嫩，大概煮 3～5 分钟，车螺就会开口了。如果不开口就是死螺，要挑出来弃用。

当然，为避免死螺，挑选车螺的时候，要取两个车螺相互敲打，出现空鼓声音的，就是死的或不新鲜的螺。

冬食萝卜之清雅 鲜汤浸萝卜丝

冬天里最平凡的食物无疑是萝卜，菜市场满山堆的都是不值钱的萝卜。其实，经过了夏长秋收的成熟过程，萝卜是冬天的王者，天然的水灵甜润，淡雅的田野芬芳，在三九严寒时，远比那些华丽的浓油赤酱要来得清雅。因为，平凡的萝卜给我们的是清新淡雅的滋养，正如我们都是闷头生长的平凡小人物，过日子又不是台上做戏，哪怕是没有动人的山盟海誓，但都希望到老时，依然有人在身边陪着看细水长流。

🍅 **食 材** 白萝卜(切细丝)500、虾皮 10 克、干香菇 10 个、姜丝少许

🥄 **调 料** 盐 1 克、料酒 5 克、生抽 5 克、小姜 2 块

🔪 **做 法**

1 准备好食材，用温水把干香菇泡发待用，虾皮冲净表面细沙，白萝卜去皮切成细丝备用。

2 把泡发的香菇切成细条备用。

3 将姜丝和香菇丝放入沙锅内，加入适量的清水，调入盐和生抽，开小火慢煮 20 分钟出香味。

4 虾皮用平底锅稍煎香。

5 将煎香的虾皮放入汤内加料酒。

6 再将白萝卜丝放入汤内，开小火慢煮 10 分钟即可。

戏戏叮咛

"冬吃萝卜"是最有群众基础的了，煎、炒、炖、煮各种烹饪方法做出的风味都各有不同。就萝卜煮汤来说，切丝要比切成大块萝卜更容易入味，同时因为烹饪的时间不长，能很好地保持爽脆的口感，可以使来自田野的清新气息扑面而来，简单却美好。

如想鲜味更浓，可先把虾皮过下油，爆香了再煮汤。

祛寒是冬天养生的首要任务，在这道鲜汤里可以适当多加些姜，姜的天然辛辣可以令人身心俱暖。吃姜千万不要削皮，削了皮反而不能发挥姜的整体功效。姜清洗干净表面的泥沙就可以切丝或切片了。

生活美学 泥丁猪肉汤

　　曾经很怕吃泥丁,貌不喜人甚至非常丑陋,但又有传言说新鲜泥丁是补血佳品,越新鲜越补血。曾经有一个饱受生理之痛的富二代朋友为了吃到新鲜泥丁,不惜请专车快递,虽然我曾经无比反感,但后来发现一定是经历过很多之后才突然明白,必须要有自己认同和坚持的一套生活美学:女人就是要对自己好。

食　材　泥丁 300 克、猪肉 100 克

调　料　盐 5 克、生抽 3 克、蚝油 3 克、料酒 10 克、生姜一大块、小葱一小把、白胡椒粉少许、香油适量

做　法

1　泥丁处理起来需要有点技巧,尽量让店家帮助处理,图中左边是未处理的,右边的是初步处理好的。

2　把初步处理的泥丁放到流动的水中,把表面的黏液、沙子都冲洗干净。

3　将清洗干净的泥丁放到料理碗中,生姜洗净切丝放入碗中,加料酒拌匀腌制 10 分钟,主要是为了去腥。

4　同样把猪肉切成大小合适的块,加入生抽、料酒、白胡椒粉、蚝油、香油腌制 10 分钟,小葱切成段。

5　锅里倒入清水或高汤,煮沸后,把腌制好的猪肉先放到锅里煮 10 分钟左右,煮出鲜美底汤。

6　再把腌制好的泥丁下入底汤中,泥丁不宜久煮,煮久了口感会变得很柴,所以煮 3～5 分钟加盐调味即可。

7　最后放入小葱段提香即可。

戏戏叮咛

泥丁没处理之前,表面看起来像条虫子,胆小者可让店家帮忙处理,毕竟也是个技术活。

泥丁在烹饪前一定要清洗干净表面的泥沙和黏液。

猪肉可以切大块一些,因为需要猪肉给这道汤提供基底的鲜味,切大块耐煮一点。

宝贝爱吃 碧绿鱼丸汤

小时候，吃鱼的时候被鱼刺卡住了，再也不肯吃鱼。妈妈为了让我吃鱼，就很辛苦地把鱼肉小心地片出来，再挑去每一根细刺，然后剁碎做成鱼丸，才能哄我吃鱼。现在超市里有已经片好去掉鱼刺的净鲷鱼片，做鱼丸变得更容易，碧绿的豌豆、白色的鱼丸，清新诱人，哄小朋友吃鱼就不再是难事啦！

食 材 鲷鱼片 2 块、豌豆 100 克、鸡蛋 1 只、鲜奶油 200 毫升

调 料 盐 5 克、料酒 10 克、白胡椒粉少许、姜末适量、葱末适量

做 法

1　准备好食材,鲷鱼解冻,豌豆用清水洗干净后,沥干备用。

2　豌豆放到锅里,加入适量的水,点火煮沸,煮15分钟,把豌豆煮熟。

3　煮豌豆的时间,把鲷鱼肉用刀剁成肉馅,加入2克盐及料酒、白胡椒粉、姜末、葱末搅拌均匀,把鸡蛋磕入另一个碗中,打散,分次加入肉馅中,顺同一个方向搅拌10分钟,使肉馅起筋道,做出的鱼丸更弹牙。

4　煮好的豌豆放到食物料理机中打成豌豆汁。

5　再取一口锅,加入适量的清水,开小火慢慢煮水,一边取适量的鱼肉馅放在手中,在虎口处挤成丸子状,放到温水中。

6　继续把鱼肉保持小火慢慢把鱼丸煨熟,熟透的鱼丸体积会膨大一倍且洁白有弹性。

7　把豌豆汁倒入另外一口锅中,把做好的鱼丸也放入锅内小火煮沸。

8　最后加入鲜奶油,使汤水更顺滑,加盐适当调味就可以了。

戏戏叮咛

　　超市里的鲷鱼片一般都是冰冻的,放在常温下解冻即可,另外也可以选择龙利鱼片,都是已经去掉鱼皮、鱼刺的净鱼肉,给小朋友吃就不用担心鱼刺卡喉的问题了。

　　小朋友一般不爱吃豌豆,所以把豌豆煮熟后打成汁,并用奶油调味,使这道汤充满奶油香,又偏甜,再挑食的小朋友也会爱哦。

　　做鱼丸一定要用温水,小火慢慢地煮,这样做出来的鱼丸才会又大又圆。

平淡日子的小欢乐 酸辣牛肉浓汤

年岁渐长,曾经以为一定会一生受用的某些记忆,连个痕迹都没有了,特别是那些少不更事的爱恨情仇,那时以为天都塌下来的痛心疾首,如今连轻描淡写都觉得不值得了。或者,对于一个经历千山万水终觅得一方净土的女人来说,一把年纪以后,所有的美好都慢慢变成了一个个模糊的影子,日子越混越没劲,安宁快乐就成了生活的唯一希望。幸好还有美食,是平淡日子缝隙里遗漏下的小欢乐,在颓废的时候蹦跳一下子,显示着生活的温度与力度。

低落的时候,我总会想到一碗五味杂陈却酸辣开胃的牛肉浓汤。

🍊 **食　材**　牛肉 500 克、番茄 1 只、胡萝卜 1 根、洋葱 1 个、青柠檬 1 个、薄荷叶 5 张、香茅 1 根

🧂 **调　料**　盐 4 克、沙姜 1 块、蒜瓣 2 个、鱼露 5 克、生抽 3 克、油 5 克、泰式甜辣酱 20 克、水淀粉少许

🔪 **做　法**

1　准备好食材,把牛肉切成薄片,尽量切薄一些,加盐、鱼露、生抽、水淀粉少许腌制 15 分钟。

2　番茄去皮,切成小丁,青柠檬也切成 4 瓣备用。

3　把洋葱、胡萝卜、蒜瓣均切小丁备用。

4　香茅、沙姜也切碎备用。

5　锅里放油,下香茅、沙姜爆香,倒入胡萝卜、洋葱炒至变色,加少许盐调味。

6　倒入番茄丁继续翻炒。

7　同时倒入泰式甜辣酱调味。

8　锅里的食材渐渐炒出复合香味后,往锅里倒入一大碗水,大火煮开,下腌制好的牛肉片,均匀滑开。

9　再次煮开后,放入青柠檬片及薄荷叶略煮 30 秒即可出锅。

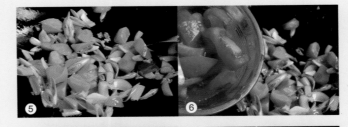

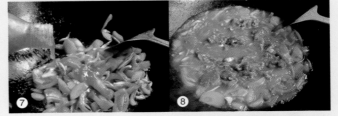

戏戏叮咛

　　牛肉要尽量切成薄片,因为腌制的时间和煮的时间不宜过长,越薄越容易入味,并且下锅一滑即熟。番茄最好去皮,煮好的汤口感会好很多。

　　泰式甜辣酱本身就有味道了,而且比较浓厚,加水量少了汤就更浓,加水量多了调出的汤汁就淡,根据自己需要的口感随意添加汤水即可。

　　柠檬放到锅里最多 30 秒就要关火了,高温久煮会破坏柠檬的活性营养,更会变苦影响味道。

蛋的温度 虾皮滑蛋丝瓜汤

如果非要我强调一种喜欢吃的食物,那肯定是蛋!例如:在生病胃口不开时,妈妈蒸的鸡蛋羹,清淡、清心又温暖;在成绩突出时,父亲亲自下厨煎的一个荷包蛋,质朴却爱意浓浓;在离家展翅高飞时,手中握的一个水煮蛋,浓缩了父母的离情别绪和心中希望;在自立成家时,第一次下厨为他做的第一道菜就是番茄炒蛋;在亲朋好友聚会时,惊艳出彩的蟹黄炒蛋……因为蛋,处处展现着一种生命的温度与力量,蛋的料理也是所有料理中最为轻松的, 怎么吃都好吃。在炎炎夏日里,不妨试试这道滑蛋丝瓜汤,既能鲜掉眉毛,也简单到几乎没任何难度。

食　材　虾皮 20 克、丝瓜 1 根、鸡蛋 1 个

调　料　盐 3 克、蒜瓣 3 个、生姜 3 片、油适量、香油适量

做　法

1　准备好食材。

2　锅烧热，倒油，把蒜瓣放到油里煸至表面金黄，下姜片，把虾皮放到锅里小火煸香。

3　加入一大碗开水，调成大火煮至奶白，丝瓜去皮切滚刀片后，放到汤中继续煮 5 分钟。

4　把鸡蛋磕入汤碗中，淋入少许香油，用筷子打散。

5　将锅里正在沸腾的虾皮丝瓜汤加盐趁热淋到蛋液中。

6　一碗超级容易的浓浓丝滑的丝瓜汤完成。

戏戏叮咛

　　这样淋热汤到蛋液中，可以令汤水更加嫩滑，但如果介意吃生鸡蛋，就将鸡蛋打散后，倒入锅中一起煮。

　　煸蒜瓣一定要用小火，煸成黄金色就可以了，不要煸过火了，这道汤提香的秘密就在有一缕浓浓蒜香。

疍家汤靓 鲜鱼豆腐冬瓜汤

每年 7~9 月是北部湾的休渔期。休渔期又被称为"封海",这就容易理解了,把海封起来,谁都不可以大范围地去捕鱼,让海里的鱼儿、虾儿、蟹儿有几个月的自然生长、繁育后代的时间。呼,才几个月,不多,但也算是施恩了。封海期间,虾蟹这些明星海产都在深海处被保护起来了,经验老到的渔民们就会扛起一个自制的大网兜,到浅滩边随手打捞,往往也能捞起一些平日里渔民都看不上的小鱼虾,回家弄些冬瓜豆腐,配上葱花香菜,虽然是快手家常鱼汤,总还是能品尝到一些海中鲜味的。

食　材　鲜海鱼 500 克、豆腐 1 块、冬瓜 200 克、葱花适量

调　料　盐 4 克,料酒 10 克,生姜丝、白胡椒粉各适量

做　法

1　准备好食材，鲜鱼分别宰杀处理干净备用。

2　取平底锅放灶上,烧热,倒油下姜丝煸香,再下鱼煎至两面金黄。

3　把煎好的鱼倒到煲汤沙锅中,加入适量的清水,大火煮沸,加入料酒，继续保持大火煮 15 分钟,煮成奶白汤水。

4　把冬瓜去皮,切成适量大小的块,加入汤中,保持火候煮 10 分钟。

5　最后把豆腐切成小块，再煮 5 分钟,加盐调味,关火后撒上适量白胡椒粉和葱花即可。

戏戏叮咛

关于"疍家"的起源,其中一种说法来源于早前他们居住的舟楫外形酷似蛋壳漂浮于水面;另一种说法是因为这些水上人家长年累月生活在海上,像浮于海面的鸡蛋,所以被称为"疍民"。而疍家人自己则认为,他们常年与风浪搏斗,生命难以得到保障,如同蛋壳一般脆弱,故称为"疍家"。

几乎所有的鲜鱼都可以做这道汤,但我认为海鱼会好一些,因为海鱼没有那么腥,当然姜还是要多放一点的。

俗话说"千滚豆腐万滚鱼",意思是豆腐和鱼都不怕煮,煮的时间越长两者能相互吸收对方味道,会越好吃,不过如果想吃鲜嫩豆腐,煮 5 分钟就够了。

用冬瓜煮汤不要提前放盐,盐会让冬瓜变酸,出锅前调味最佳。

美味无分贵贱 壮乡羊杂汤

　　美味未必和价格贵贱有直接关系,比如羊杂汤。我认为用羊杂碎来做的汤当以广西苗族的"羊憋"为第一,它必须要用牛羊反刍胃里的青草汁,经过多次过滤得到的精华,再用姜、酒、辣椒、茶辣、薄荷、蒜苗和香菜等配料去腥除菌,最后放入羊杂碎,就是一道闻者惊恐吃起来欲罢不能的汤;而壮族羊杂汤就显得温和多了,壮族石山地区养的羊,肉质细嫩,膻气较小,最适合口味清淡的人。某一年春天,我在广西百色,巧遇一家羊肉店,店里有各种各样的羊肉吃法,白切羊肉、水煮羊骨、黄焖羊蹄,但我独对用香菜、薄荷、沙姜做出来的羊杂汤印象深刻,每次回想起这股味道,便会勾起馋虫,同样欲罢不能。

食 材 羊肝 200 克、羊肾 1 个、羊肚 200 克、羊心 1 个、薄荷、紫苏、香菜适量

调 料 盐 2 克、米酒 10 克、生姜 10 克、沙姜 10 克、生抽 5 克、蚝油 5 克、油 10 克、淀粉适量

做 法

1　准备好食材。

2　羊肚,用流动的清水冲洗干净表面杂质,再反复加入淀粉搓洗,直到洗至异味减少。

3　羊肾用刀对半切开,用刀挑去白色筋络,并切成十字花刀。

4　羊肝也切成薄片,放到料理碗中,

加入清水浸泡。

5 洗干净的羊肚改刀切成细条,同样放到料理碗中加清水浸泡;切成十字花刀的羊肾也浸泡到水里;羊心也是切好泡水里,并分别在水里加入少许米酒,可以去腥,大约浸泡至没有血水。

6 生姜、沙姜分别拍碎,薄荷、紫苏、香菜洗净切成细丝备用。

7 锅烧热,倒入油,把生姜、沙姜倒入锅里炒出香气,而且两种姜都炒得略焦黄。

8 把羊肝、羊心以及羊肾从水里捞起,倒入锅内,加入生抽、蚝油一起翻炒至变色。

9 倒入清水或高汤,大火煮开,煮3分钟左右。

10 再倒入羊肚。

11 再次大火煮滚,用勺子撇干净表面浮沫,调成中火再煮10分钟至羊杂都熟透。

12 最后加入切好的三丝,迅速拌匀,加盐适当调味即可。

戏戏叮咛

羊杂清洗干净至无异味,否则会导致整道汤都功亏一篑。如果不习惯羊膻味的,可以将所有的羊杂碎都经过余水后再做汤。

用沙姜煮汤是广西少数民族的特色,特别是煮内脏汤,能起到去腥增香的效果。

炒两种姜火候要掌握好,火力不能太大,将沙姜和生姜都煽出香气,表面金黄最好。

随手可得女人汤　肉饼丝瓜汤

　　深夜,打车回家,红灯时间,旁边的出租车司机用一种很怪异的表情看着我,吞吞吐吐地问了我一个问题:"你结婚了吧?结婚是件幸福的事吗?"原来遇上一个准备步入婚姻的年轻司机。年轻的司机说家里人都催着他早点结婚,但自己每天都要上夜班,而那个爱着他的女人每天都要开着灯睁着一双大眼睛等着他回到家中才能安然睡去,他总觉得这样太对不起她了。我鼓励他说:愿意以一双黑眼圈为代价等待你的女人,是值得你尊重和爱护的,今天回家记得带束玫瑰,如果有空,一定要学会做这道非常容易却诚意很足的汤,让她拥有好肤色,不负深夜等待的心意。

🍊　**食　材**　猪肉末 300 克、丝瓜 2 根、枸杞一小把

🧂　**调　料**　盐 5 克、料酒 10 克、生抽 5 克、蚝油 5 克、油 10 克、白胡椒粉适量、油适量

🥄　**做　法**

1　准备好食材,肉末可以在超市买到,也可以自己买肉回来剁,选肥瘦比例为 7:3 的梅花肉会比较好吃。

2　肉末加入盐、料酒、白胡椒粉、生抽、蚝油拌匀,顺同一个方向搅拌,直到感觉有阻力,这样做出来的肉饼会很弹牙。

3 锅里刷上一层油，把调好味道的肉末放到锅里，随意压成饼状，细火慢煎成两面金黄。

4 肉饼煎好后，用刀切成条状。

5 再把肉条回锅煎至四面焦黄，这样可使肉饼煮汤时不易散开，煮出的汤也更浓、更香。

6 加入一大碗清水，大火煮沸，煮 10 分钟成浓白的汤。

7 此时，可以将丝瓜去皮，再改刀切成滚刀块。

8 把丝瓜块下到锅里与肉饼同煮 5 分钟，最后放入枸杞再煮 1 分钟。

戏戏叮咛

丝瓜又称水瓜、天罗瓜、布瓜、绵瓜、天吊瓜、倒阳菜、絮瓜等，广泛种植于两广地区，每年夏、秋间采摘。"水瓜打狗——不见一截"这句歇后语，就道出了丝瓜的民间基础。因为丝瓜粗生粗养，随手抛下一颗丝瓜子到在屋前屋后，不用照顾就能有满墙的绿，所以用来打狗亦不心痛。

丝瓜虽然价贱，但却有其强大的营养价值。《采药书》说："能治妇人白带，血淋膨胀积聚，一切筋骨疼痛。"女人多吃丝瓜能调理月经，对诸如带下不清之类女人病都有帮助。丝瓜中含防止皮肤老化的 B 族维生素、增白皮肤的维生素 C 等成分，能保护皮肤、消除斑块，使皮肤洁白、细嫩，是不可多得的美容佳品，固也有"美人瓜"的美称。

丝瓜成熟后不摘，直至外皮变硬，剥去黄色的粗皮，里面的瓜瓤还是很好的天然刷碗工具呢。

当信春茶比酒香 鳕鱼茶汤煮

去年，烟花三月好时节，我去江南过了一段诗意日子。旧友新知每每见面，必为我亲自冲一杯雨前龙井,清香沁心,果然为春日好茶,得良朋如此,又何尝不是人生好运?!脑海里唯一浮现的字句便是"若能杯酒如名淡,应信春茶比酒香"。回程的时候,好友的好心意把我的行李箱撑得满满的,当然不免有大名鼎鼎的西湖龙井。使劲地折腾是我一贯的美食态度,以茶做菜自然不可不尝试。西湖龙井,不如做一道略显悠悠茶香的清新"鳕鱼茶汤",茶的清香能很好地掩盖鱼的微腥,细品之下清幽依然,一如西湖美景如此摄人心魄。

食　材　龙井茶 10 克、银鳕鱼 200 克、鸡蛋 1 个、西蓝花 1 朵

调　料　盐 2 克、姜 2 片、料酒 3 克、胡椒粉少许、油适量

做　法

1　准备好食材，西蓝花摘成小朵洗净后用清水浸泡 15 分钟。

2　银鳕鱼切成小块，加胡椒粉、料酒、盐腌制片刻。

3　龙井茶放入茶壶中，倒入 80℃ 左右的开水冲泡，滤出茶水备用。

4　鸡蛋打散，平底锅里倒入少许油，把蛋液摊成鸡蛋饼备用。

5　摊好的鸡蛋饼稍凉后，切成蛋丝。

6　沙锅里倒入茶水，放姜片煮开。

7　茶水煮开后，放腌制好的鳕鱼。

8　最后加入西蓝花，用盐调味，出锅前加入蛋丝即可。

戏戏叮咛

　　龙井、碧螺春等都属于春茶的名品，春茶味道醇厚，香气往往浓而持久。因此，用时令的茶做菜，味道也往往更纯正，混合着茶的香气，做出的菜品也更慑人心魄。

　　用茶水煮汤，除了有浓浓的茶香，还可以去掉鱼、蛋的腥味。

　　鳕鱼很娇嫩，煮的时间不宜太长，西蓝花最好先汆下水再下锅煮，可以节省烹调时间，让鳕鱼保持最佳的口感。

　　几乎所有的茶都可以用作辅料，龙井茶香味清淡，可以搭配制作一些口味较清淡的菜肴；普洱茶的茶汤色泽红亮，焖、烧的效果更好。

天下第一鲜 鱼羊鲜

据说当年孔子周游列国的初期，四处碰壁，举步维艰，有时连饭都吃不上，只能带去的弟子们四处乞讨，一天，偶得一些鱼肉和羊肉，遂将鱼肉、羊肉混在一起煮，发现其味竟鲜美无比，自此"鱼羊鲜"便流传开来，而且"鲜"字便是这般得来。所以说，寒冬腊月，吃羊暖身的时令，岂能辜负这天下第一鲜。

🍊 **食 材** 鲫鱼 2 条、羊肉 250 克、番茄 2 个、香菜 2 根、小白菜 2 根

🥄 **调 料** 盐 5 克、生抽 5 克、蚝油 5 克、料酒 10 克、白胡椒粉少许、蒜瓣 2 个、生姜 2 片、淀粉适量、油 10 克

做 法

1　准备好食材。

2　羊肉切成薄片，加入 2 克盐、生抽、蚝油、料酒、白胡椒粉拌匀。

3　再加入姜末、淀粉拌匀腌制 15 分钟备用。

4　鲫鱼宰杀后，在表面切上花刀备用。

5　番茄切成大片、小白菜洗净沥干。

6　香菜洗净，蒜瓣切成蒜片。

7　锅烧热，倒入油，下鲫鱼煎至两面金黄。

8　倒入一大碗清水，大火烧开，继续煮成奶白色的鱼汤。

9　加入腌制好的羊肉，用筷子迅速划散，保持大火煮滚。

10　最后加入蒜片、香菜、番茄和小白菜，适当加入盐调味，稍滚即可。

戏戏叮咛

羊肉跟牛肉一样，都要顶着横纹切，口感才好。

腌制羊肉的时间可以适当长一些，料酒可以多放一些，让羊肉更入味就可以更好地去除羊肉的膻味。

煎鱼一定要记得用小火，煎好一面再翻面。

羊肉不可煮太久，稍滚变色就可以了。

不喜欢吃番茄的，可以不放番茄，多放些香菜，味道更好。

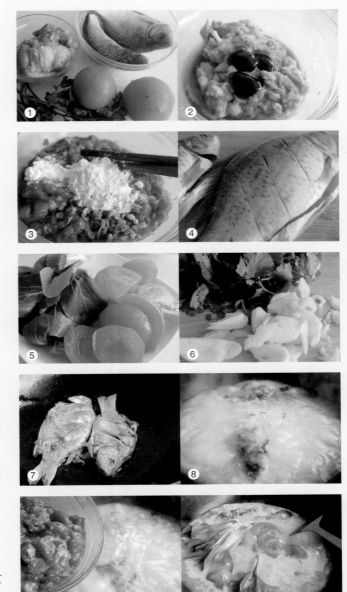

盛夏最爱野草汤 肉末雷公根汤

雷公根在南方的大地上随处可见，是一种伞形花科草本植物，喜欢栖息在柔软湿润的草地上，雨过天晴后会长得分外茂盛，常有老人带着小孩采摘。以前我对于雷公根的认识仅在于雷公根直接榨汁就是甘甜清香的凉茶，这道汤是我偶然在有南宁特色的大排档里学会的一道汤，没想到其实雷公根煮汤更加美味，有一种特殊的淡淡的奶香，又可消暑凉血，实在是大地赋予南方夏日最好的礼物。

食　材　猪瘦肉 100 克、新鲜雷公根一大把(约 100 克)

调　料　盐 2 克、生抽 2 克、姜末 3 克、料酒 3 克、油 3 克

做　法

1　准备好原料。

2　雷公根用流动的清水清洗干净，再放入清水中泡 10 分钟。

3　猪瘦肉洗净后，剁碎，加除油之外的调料腌制 5 分钟。

4　锅烧热，倒油，把腌制好的猪肉末放进锅里爆香。

5　再倒入高汤或清水，煮至汤色呈奶白。

6　往汤里倒入沥干水的雷公根，继续煮 5 分钟，或者煮长时间一些更好。

戏戏叮咛

雷公根在南方的大地上随处可见，是一种伞形花科草本植物，喜欢栖息在柔软湿润的草地上。南方人爱喝的凉茶中也有用到晒干后的雷公根，比如雷公根马蹄水，或者直接用雷公根榨汁喝，是好多凉茶店的特色招牌。

但需要注意的是：孕妇和哺乳妇应禁食雷公根，食用过多的雷公根，有可能引起恶心及晕眩。

温婉家常 奶香鲫鱼萝卜汤

不太喜欢吃鲫鱼，因为鲫鱼为了交配产卵，要很努力地向上游跳跃寻找更合适的地方，所以鲫鱼尾部用来支撑跳跃的小骨刺特别多，每当吃鲫鱼的时候挑出一根细刺，我总能感觉到鲫鱼努力向上拼搏挣扎的痛苦。突然发现，大部分普通的人和鲫鱼没有什么区别，鲫鱼必须历经磨难奋力向上才能找到理想的繁殖环境，大部分的人也是必须经受很多的竞争和挫折，让身上用来自保或对抗的利刺变多。其实，在鲫鱼尾部切上几刀就感觉不到鱼刺了，用鲫鱼来煮汤时，冲入一杯牛奶，浓浓奶香中，本来略显小家碧玉的家常鲫鱼汤，也会温婉多采更具气质了。

一个人从张扬变得温婉，也仅仅是因为身上的刺变少了。

食　材　鲫鱼1条、萝卜1根、牛奶100克

调　料　盐2克、油适量、姜1块、香菜少许

做　法

1　鲫鱼洗净，从鱼尾向鱼头平均在鱼身上横切数刀，抹上盐腌制10分钟。锅烧热，倒油，放姜片爆出香气，把鱼放到锅里煎至两面煎黄。

2　把煎好的鱼移到汤锅中，加入开水滚煮20分钟，煮出奶白汤色，鱼肉开始分离。加入切好的萝卜条，再煮10分钟。

3　当萝卜条变透明后说明已熟烂。

4　最后冲入牛奶，煮至微沸就关火，放香菜碎提香即可。

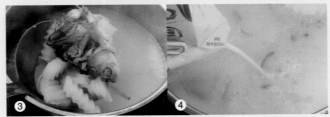

戏戏叮咛

春天的鲫鱼因为准备产卵，本身就有奶香气，加入一些牛奶可以令奶香更充沛。

鲫鱼刺多，小孩、老人吃的时候要特别注意鱼刺。

牛奶不宜高温加热太长时间，最后才冲入牛奶，煮至微沸就必须关火，才能保持牛奶的营养价值。

夏日进补时 鱼头牛蒡汤

炎炎夏天，茶饭不思，其实夏天才是最需要补的季节，不过说来夏日通常都是补水养肤的关键时期，所以取具有强大美白功效和抗衰老一流的牛蒡来抵御紫外线，生姜增加正能量，鱼汤又可滋润皮肤，都是普普通通的食材，韬光养晦自然就能养出一幅好身心。茶饭不思?那是软弱者的借口!

食　材　鱼头1个、牛蒡1根

调　料　盐4克、料酒10克、生姜一大块、白胡椒粉少许、油适量

做　法

1　鱼头去鳃洗净，放到锅里小火慢慢煎透。

2　倒入一大锅开水，用开水煮出来的鱼汤特别白。

3　加入一大块生姜并倒入料酒去腥。

4　大火煮沸，然后保持大火煮10分钟把汤煮成奶白鱼汤。

5　煮鱼汤的同时，把牛蒡去皮，切成薄片，牛蒡容易氧化变黑，切好的薄片必须放在清水中浸泡。

6　等到鱼汤变成奶白汤色后，把牛蒡片放到汤里煮10分钟，用盐调味，出锅前撒上少许白胡椒粉增加风味即可。

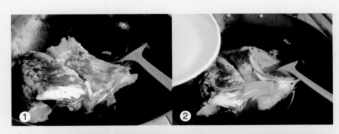
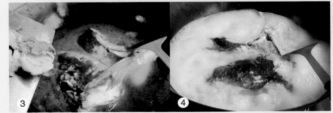

戏戏叮咛

有研究表明，鱼头残留的毒素比较多，建议一个月最多吃一两次鱼头，并且一定要煮熟、煮透。

煮鱼头汤生姜一定要放足，这样能很好地去腥提香。

牛蒡是很好的一种抗衰老食物，经常食用，能增加纤维素的摄入量，有利于排除身体多余的脂肪，是很好的瘦身食物哦。

提高一个新鲜度 鲫鱼肉末丝瓜汤

当一切都与身边的人差不多,大家买房你也买了,大家买车你也买了,因为相互有了参照,才会看清自己与别人的距离,才会感悟到自己真正需要的是什么。当日子开始越来越简单明了,清清朗朗的日子,煮一道鲫鱼汤,记得放点肉末和丝瓜,清淡爽口的鲜食,轻轻松松地满足身体所需之外,再为自己提高一个新鲜度,何乐不为?

食　材　鲫鱼1条、丝瓜1根、肉末少许

调　料　盐5克、料酒10克、白胡椒粉5克、干淀粉少许、生姜一大块、油适量

做　法

1　准备好食材，鲫鱼宰杀后，从鱼尾开始至鱼鳃处，用刀在鱼身上每隔0.1厘米就横切一刀，不要切断，只断到鱼大骨为止，反面也如此切，这样切除后煎鱼的时候不易破皮，还可以在吃的时候不会感觉到有鱼刺哦，绝对值得你尝试。

2　锅烧热，倒入油，用生姜均匀地在锅的表面刷上一层油，把切好的鲫鱼放到锅里，调最小的火，小火慢煎，不要急着翻面，一直晃动锅子，直到鱼也可以移动才可以翻面。同样小火慢煎另外一面，使鱼两面都煎至焦黄。

3　小火慢煎鱼的时候，你有足够的时间在肉末里加入盐、料酒、白胡椒粉、干淀粉将其腌制起来，并且把丝瓜去皮切滚刀片。

4　鱼煎至两面焦黄的时候，倒入开水，调成大火煮沸5分钟，就会看到浓浓白白的鱼汤了。

5　放入丝瓜。

6　保持大火，放入肉末，肉末一断生就可以出锅了。

戏戏叮咛

肉末加一点淀粉腌制可以使肉末更滑嫩，切记煮的时间不要太长，否则口感会变得很柴。

鲫鱼好吃，但刺多，按照我说的在鱼身上切数刀的办法来处理，已经把小刺切断，所以吃的时候就丝毫不会感觉到鱼刺了，家里有小孩子的，尤其需要学会这一招。

"急火豆腐慢火鱼"，煎鱼的时候，一定要耐心，煎好一面再翻一面煎，这样才能煎出完整的鱼。

微小见真爱 番茄蛤肉滑蛋汤

北部湾的沙滩上盛产各种海贝，小小贝壳里的蛤肉是主妇们的最爱，任何一个家庭主妇都有自己一套专门办法来对付蛤肉，但其实我觉得，无论是炒蛤肉、蛤肉煎蛋，还是蛤肉煮汤，最重要的一点就是在烹调之前必须花大量时间来细心清洗，把隐藏在蛤肉之间的泥沙、小石子一粒粒挑出来，吃的时候才爽快。所以，每次做蛤肉菜之前，妈妈都要戴上老花眼镜，花很多很多的时间来挑石子，清洗蛤肉，与其说她是在耐心照顾我们的口舌之欢，不如说是细心呵护我们娇气的胃。

食 材 蛤肉 300 克、鸡蛋 2 只、番茄 1 个

调 料 盐 5 克、生姜 3 片、料酒 10 克、白胡椒粉 5 克、油 10 克、香葱 1 根

做 法

1 准备好食材。

2 蛤肉里面含有很多小沙粒，要用
　清水反复清洗，然后沥干水备用。

3 番茄也洗净后，切成条状。

4 锅烧热，把蛤肉放到锅里炒干水，
　再倒入油混合爆炒，放入姜片和
　料酒，炒出香气。

5 然后倒入开水，大火滚煮 5 分钟，
　煮出浓白汤水后，加入白胡椒粉
　和盐调味，倒入切好的番茄。

6 鸡蛋磕入料理碗内，用筷子划散，
　迅速淋入汤中，边淋边用锅勺顺
　时针划一圈，使蛋液滑变成蛋花，
　关火出锅，撒上葱花，小清新的快
　手汤水即时送上。

戏戏叮咛

　蛤肉本身就是用各种小蛤、小螺、小蚝稍微余水后剥壳取肉的，里面含有很多泥沙和小石子，烹调之
前一定要记得清洗干净，否则会影响口感。

　番茄不宜煮太长时间，以免破坏其富含的大量维生素 C。

　淋入鸡蛋液的时候，要用筷子或锅勺迅速划一圈，这样才会变成漂亮均匀的蛋花。

第 三 篇

悠闲花果美容汤
一期一会的花果，最高的礼遇就是——吃掉它

岭南四季常绿，每一季度都有不同的花果飘香，作为有创意精神的吃货，我爱用玫瑰花瓣来装饰美食，也爱用鸡蛋花金银花煲个五花茶；到了秋菊傲放的时节，还会掐朵花儿煮道汤；至于荔枝、菠萝蜜这些岭南独有的甜甜的水果，趁新鲜从树上摘下来，丢到排骨汤里，不仅味觉独特，暗香浮动，有时还可得到形式之美。我始终认为一期一会的花果，最高的礼遇就是——吃掉它！

五星汤水 杨桃鱼汤

岭南人家的屋前屋后,都会有一棵杨桃树,杨桃熟的时候,阿公会做一个网兜,带着孙儿在树下打杨桃,甜的杨桃是好吃的水果,将杨桃切成五角星状,是岭南孩童童年时的星星诱惑。另外有种酸的杨桃,岭南人家会用来腌制,浸泡酸杨桃的酸水,可以治疗慢性咽喉炎、咽干喉痛这些小毛病;酸杨桃还可以用来煮鱼汤,先将鱼煎透,熬成白白的鱼汤,放几片杨桃,酸酸爽爽的滋味,初夏不太适应的燥,尽然褪去。

微酸的夏天,如同微酸的人生,已经是最好。

食　材 鲜鱼 500 克、杨桃 1 个

调　料 盐 5 克、生姜丝 2 克、料酒 10 克、红葱 2 克、冰糖 2 颗、指天椒 1 只、油适量

做　法

1 鲜鱼宰杀处理干净，杨桃洗净
备用。

2 锅烧热，倒油，下生姜丝和红葱爆
香，把鱼放到锅里慢火煎透，倒入
一大碗开水或高汤，大火滚 5 分
钟，煮出奶白汤色后，倒入料酒，
转小火煮 10 分钟。

3 煮汤的同时，把杨桃削去棱角，切
成五角星状。

4 把杨桃片放到汤中。

5 再把指天椒切碎，一起放到汤中，
再煮 5 分钟，加入盐和冰糖调味
即可。

戏戏叮咛

　　杨桃能够"主治风热，生津止渴"，所以杨桃又有治咽喉痛能手的美誉，岭南一带喜用杨桃加盐腌渍
保藏，用腌渍过的杨桃泡水饮用，对咽喉疼痛有明显疗效。

　　杨桃鲜果，性稍寒，多食易使致脾胃湿寒，便溏泄泻，有碍食欲及消化吸收。若为食疗目的，无论食生
果或饮汁，最好不要冰凉及加冰饮食。

　　杨桃对于人体有助消化、滋养和保健的功能，用来炖汤时，自然甘甜。

　　红葱其实就是小洋葱，比较清甜，是东南亚很多菜谱必须要有的配料之一。

并不只是形式之美 菠萝苦瓜鸡汤

　　我自认我的性格中最明显的优点莫过于贪新鲜，而贪新鲜的人往往都是不会墨守成规，最直接的表现就是，我总是孜孜不倦地在每个菜市场寻找最新奇的食材，玩弄的、做的都是自己拍拍脑袋灵光一现的菜品，从来也不管是否应该或者必然。在南宁这个花香满园，水果繁多的环境下，贪新鲜如我，怎么能错过水果入菜?!在这里，四季都盛产着菠萝，除了用盐水泡泡速成一道女孩子喜欢的开胃零食，再或者偶尔做一道酸甜咕老肉，其实还可以做一道菠萝苦瓜鸡汤，在热情如火的夏日带来形式之美与甜蜜享受。

食　材　土鸡1/4只、菠萝1只、苦瓜半根

调　料　盐5克、姜一块、料酒少许、生抽少许、冰糖5颗

做　法

1　准备好食材，菠萝最好挑肥肥圆圆的,这样比较好挖空。

2　土鸡洗净,放入炖盅内,斩件,加盐、姜、料酒、生抽等腌制半小时。

3　把腌制入味的土鸡连同炖盅一起放入蒸锅内,加入适量的水,以没过鸡肉为准,盖上盅盖,大火蒸1个小时成鸡汤。

4　蒸鸡汤的同时,来处理菠萝,用刀在菠萝顶端的1/4处横切一刀。

5　用挖勺把菠萝芯掏空,做成菠萝盅。

6　苦瓜也改刀切成小段,去掉白瓤备用,如果怕苦,可以用盐稍微腌一下,去掉部分苦味。

7　最后,把炖好的鸡汤倒入菠萝盅内,加入切好的苦瓜,放入冰糖调味,将菠萝盅放入蒸锅中,再蒸30分钟,一盅美容降火消暑的浓浓果香的鸡汤美味出锅了。

戏戏叮咛

　　用水果炖汤时汤水不能太油腻,这样才能保持水果的清香,所以最好选择油分比较少的老鸡或土鸡,老鸡炖的汤比较醇鲜清澈。

　　菠萝的味道会渗入汤中,充满了果香味,非常好喝,因为放了苦瓜,加入冰糖是必需的,如果不怕苦可以不用放冰糖;也可以用盐稍微腌一下苦瓜,这样也能去掉部分苦味。

　　挖菠萝盅的时候,注意保持底部有一定的厚度,不要挖穿,否则汤水就会流失掉,很可惜。

爱心延续 川贝雪梨炖鸡

母亲是生下我不久就开始有了慢性支气管炎，每到晚上就咳嗽不停，几乎没有一天是可以安心睡眠的，如今想来，我却还要每天调皮惹事让母亲发怒生气，实在也是够混账的。每当秋风凛冽，想起母亲每夜咳嗽，还时刻为我担心、伤神、伤气，记得小时候我如果有感冒发热、咽干喉痛、久咳不止时，母亲就会给我炖上一盅清心火、化痰止咳的川贝雪梨汤。如今，是时候轮到我为妈妈炖一碗川贝雪梨鸡汤，因为妈妈好，我就好。

食　材　鸡肉 500 克、雪梨 1 个、川贝 10 颗

调　料　盐 5 克、生姜 2 片、米酒 5 克、生抽 5 克、白胡椒粉 5 克、油 5 克、冰糖 2 颗

做　法

1　准备好食材，鸡肉加入盐、生姜、米酒、生抽、白胡椒粉腌制30 分钟。

2　锅烧热，倒油，把腌制好的鸡肉下到锅里，旺火炒至两面焦黄。

3　加入适量的开水，保持大火煮 10分钟。

4　10 分钟后，汤水会变得又浓又白。

5　把浓鸡汤转移到沙锅中，加入川贝。

6　再放入冰糖。

7　最后净雪梨洗净，不用削皮，直接切块，放入鸡汤中再炖煮 40 分钟即可。

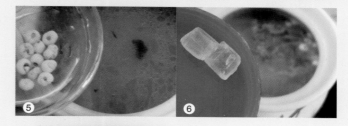

戏戏叮咛

　　川贝、雪梨皆具有清火、止咳的功效，比较适合外邪已经基本消失，肺燥咳嗽或咳久引起内伤阴虚燥热咳嗽，延绵不愈。

　　川贝是一味中药，味苦、微甘，入肺、心经，有化痰止咳、清热散结的作用，磨成粉状放进整个雪梨中蒸制，止咳效果明显。

　　因为川贝很苦，必须放冰糖调味，但中医认为治疗热症，宜用冰糖；治疗寒症，比如女子痛经，就要改用红糖。

宠爱自己 银耳苹果红糖水

一个成熟的女人需要的是一点一滴由自己亲手炮制的小温暖,这样才觉得最安心、最踏实。在身体发生变化、情绪不安的时期,要多吃点甜的东西。有研究表明,甜食可以舒缓身体使人感到放松,所以和大家分享一道我在生理期最喜欢喝的一道甜汤。很简单,将对女人很好的银耳、红糖和苹果三样食物组合起来,可以治妇人的经道不通, 也可治寒性肠胃病,当然也能缓解生理期不畅的轻微忧郁症,至于那种喝了以后产生无法抗拒无法形容的陶醉快乐和温暖感受,我不想多说,你试过就知。

食 材 大红枣4个、苹果1个、干银耳1朵

调 料 红糖50克

✍ 做 法

1　准备好所有食材。

2　干银耳用冷水泡发,去掉底部黄色
　　的硬蒂,再把银耳摘成小朵备用。

3　把摘好的银耳用流动的清水清洗
　　干净,取汤锅,把银耳放到锅内,
　　加入适量的水。

4　银耳用大火煮开, 转成小火煮1
　　个小时,直至银耳涨发数倍,形成
　　胶质为止。

5　把红枣切成条。

6　将红枣条倒入煮好的银耳中。

7　再加入红糖,用汤勺拌匀,继续小
　　火微沸地煮30分钟。

8　苹果去皮去芯,切成小丁备用,为
　　了好看,可以多准备一个苹果,把
　　其中一个苹果做成一个苹果盅。

9　待锅里的银耳煮成红糖色,可加
　　入苹果丁。

10　所有食材一起再煮5分钟即可。

戏戏叮咛

　　泡发银耳最好用凉水,不要用热水或开水,用凉水慢慢泡发才能更大程度地保持银耳的营养物质。
煮银耳的时候,大火煮开后最好继续用中小火熬煮,大约1个小时就可以煮出银耳的胶质了。如果不赶
时间,也可以用小火慢慢煮2个小时左右,让银耳变得滑滑软软,吃起来口感更棒。

　　苹果不要放太早,煮的时间也不宜太长,苹果中的果酸会影响糖水的味道,所以大约煮5分钟即可。

　　红糖的补血效果很好,特别适合女性生理期的时候,可以用红糖、姜丝煮一碗红糖姜丝水,可利于经
血的排出,并能适当减轻生理期的不适。

缓解焦躁之选 金银花炖猪展

金银花自古便被誉为清热解毒的良药,它性甘寒、气芳香,清热而不伤胃,芳香透达又可祛邪,清热又不伤胃,而且在我国的大江南北随处可见,每年正好就在高考前阶段的4~5月间盛放,初开时为白色,后转为黄色,所以得名金银花,正如学子们十年寒窗苦读,一朝金榜题名,意头也很好哦。

🍅 **食　材** 猪展(猪内腱)1条、枸杞10颗、新鲜金银花一小把

🧂 **调　料** 盐2克、冰糖3~4颗、生姜1块、料酒5克、生抽2克

做 法

1 准备好食材，猪展切成大块，加入盐、生姜、料酒、生抽腌制 20 分钟。

2 锅里倒入适量的水，放入蒸架，点火煮水。

3 取一个大碗或炖盅，把腌制好的猪展放到碗里，加入适量的水，等锅里水开后放到蒸架上。

4 盖上锅盖保持大火，炖至碗里的水冒绿豆眼泡后，再炖 30 分钟。

5 炖猪展汤的时间，把枸杞和金银花分别用清水浸泡，去掉隐藏在花朵里的小虫子。

6 30 分钟后，用汤勺撇干净猪展汤上的浮沫。

7 倒入浸泡好的金银花。

8 适量加少许盐调味。

9 加入枸杞。

10 放入冰糖，再炖 10 分钟即可。

戏戏叮咛

金银花既能宣散风热，还善清解血毒，适用于各种热性病，如身热、发疹、发斑、咽喉疼痛等证，效果显著。备考期间熬夜看书、用脑过度最容易上火了，所以经常用金银花泡水给考生喝，也不伤肠胃，是最好的清热降火之物。

金银花在烹制前要用清水浸泡，让里面的小虫子跑出来。

4～5 月间正是新鲜金银花盛开的时间，用新鲜金银花炖汤非常清香，但会有一点苦味，需要加一些冰糖和味。如果找不到新鲜的金银花，用干花也是可以的，而且干花香气更浓郁。

清音润嗓健康饮 鸡蛋花罗汉果饮

每次去金花茶公园跑步,北门的两棵鸡蛋花树繁花似锦,秋风一起,吹落了满地或红或粉或淡黄的花朵。据《岭南采药录》说,鸡蛋花能"治湿热下痢,能润肺解毒",再加上广西特产罗汉果,煲成一煲热饮,让罗汉果天然的甘甜,像糖水一样的口感融入其中,再加上它具有的神奇的止咳平喘功效,老人、小孩皆适合的温顺气质,确实是秋冬止咳首选。特别是家里有"烟枪"的,女人和小孩被迫做二手烟民,更加要经常煲一煲这道鸡蛋花罗汉果饮了,对他、对你、对孩子和老人都好。

🍅 **食　材**　新鲜鸡蛋花10朵、干罗汉果1个

🔪 **做　法**

1　准备好鸡蛋花和罗汉果。

2　鸡蛋花洗净，用清水浸泡30分钟。

3　干罗汉果表面洗净，用手轻轻掰成两半，放入锅中，倒入适量的清水，煮开后，调成小火煮30分钟，让罗汉果味尽量溶入水中。

4　最后将鸡蛋花从水中捞起，滤干水，放到锅中，与罗汉果水混合煮10分钟即可。

戏戏叮咛

鸡蛋花是五花茶的五花之一，有红色和黄色两种。西双版纳的傣族人常用来当做招待宾客的特色菜，可入菜，可入汤，用途广泛。

鸡蛋花夏、秋季开花，采鲜花，晒干或鲜用都可以。

罗汉果是广西特产，在购买时，应该挑选个大形圆，色泽黄褐，摇不响，壳不破，不焦者为上品。

罗汉果最简单的食法就是泡茶饮用。在罗汉果两头，各钻一小洞放入茶杯中，冲入开水，不久果内各种营养成分和水溶解，便是一杯色泽红润、味道甘甜、气味醇香的理想保健饮料。一个罗汉果一般可冲泡四五次，如能挑选到圆形色褐、个大质坚、摇之不响的优质果，冲泡次数还可增加。

煲汤时放个罗汉果，可代替冰糖，令整锅汤有天然的清润和甘甜之味。

鸡蛋花经加热后，会变小和变色，不影响食用。

相生相克　石黄皮荔枝排骨汤

　　宁可信其有，不可信其无。对于"荔枝火气大"的这一个从小就听到老的理论，虽然我心里充满怀疑，但才吃了两三颗鸡嘴荔，传说中的"火气"果然从喉间喷涌而出。以前到了荔枝季，妈妈是不容许我们这样肆无忌惮的：不许我爬树是第一条，每天只能吃二十个荔枝是第二条，吃荔枝时要沾点盐吃是第三条，另外还要拔路边的无名野草给我们煲凉茶洗澡去毒。现在妈妈不在我身边时刻监督了，到荔枝季我也会一边拼命地灌自己淡盐水，一边打电话问妈妈怎么去火。妈妈告诉我马上去买些石黄皮煲荔枝，清热解毒，世间万事都是相生相克的。

食　材　排骨 500 克、石黄皮 10 颗、荔枝 10 颗

调　料　盐 5 克、料酒 5 克、生姜 1 块

做　法

1　准备好食材，把洗干净的排骨放到汤锅中，加入生姜、料酒，大火煮沸，保持中火滚 5 分钟，调成小火慢煲 30 分钟。

2　煲汤的同时，把石黄皮拍碎，这样石黄皮就更容易出味。

3　把拍碎的石黄皮放到汤中，再小火煮 20 分钟。

4　荔枝剥壳，去核备用。

5　把处理好的荔枝放到汤中继续煮 10 分钟，加盐调味即可。

戏戏叮咛

夏日果品——黄皮为芸香科植物黄皮的果实，而石黄皮则是肾蕨植物的圆形块茎，民间食疗偏方有用石黄皮来治小儿疳积。用鲜石黄皮一两与粳米一两，同煮成稀粥，随量食用，可治下焦湿热。有些儿童平日多痰，容易发生咳嗽，可用石黄皮、罗汉果、杏仁煲瘦肉汤或水煎代茶服，有清理痰火、止咳嗽的功效。

石黄皮药用取其球形块茎或全草，全年可采，选购时宜拣一些完整无腐烂者，除去鳞片，洗净鲜用或晒干用。

石黄皮药性温和，但一次用量也不宜过多，一次 50～100 克足矣。

荔枝剥壳后容易氧化变黑，应马上使用，也可以放到淡盐水中浸泡，防止其被氧化。

秋天范儿 菊杞猪肝明目汤

有人羡慕南宁四季如夏,可我心底里其实更向往四时分明,春的花、夏的雨、秋的风、冬的雪,什么时节就应该是什么气象。怎样才能使自己不被这些烦躁的城市气候所束缚,想来想去,自己唯一可以积极参与和控制的,就只有通过古老的传统"适时而食"去定制属于自己的饮食内容。能够顺应不同的季节气候变化而做的微小变动,就是我们证实自己依然灵活主动地存在的办法——拈几朵秋天盛放的菊花,做一道菊杞猪肝明目汤,秋天范儿,云淡风轻走起。

食　材　干菊花 20 朵、猪肝 300 克、小油菜 10 根、枸杞适量

调　料　盐 3 克、生姜丝 2 克、香油 5 克、料酒 5 克

做　法

1　准备好食材。

2　猪肝用刀切成薄片后，放入清水中浸泡，令猪肝中的毒素释放出来。

3　20 分钟后，倒掉泡出来的血水，再加入清水，并加入 1 勺料酒，继续浸泡 20 分钟，使猪肝入酒香，可以很好地减少猪肝的异味。

4　同时，把小油菜用流动的水清洗干净，也用清水浸泡；干菊花用清水洗去杂质备用。

5　取汤锅，锅里放入清水煮开，放猪肝氽水 3 分钟。

6　氽过水的猪肝迅速用冷水冲洗，去掉血沫残留，沥干备用。

7　大火烧开锅里的水，加入菊花煮开，加枸杞及姜丝，煮出香气。

8　倒入处理好的猪肝煮 2 分钟。

9　最后把小油菜放到锅中煮熟，加盐调味，出锅前淋上香油即可。

戏戏叮咛

猪肝能有效地去除血管中的杂质，是很好的补血食品。好的猪肝柔软鲜嫩，质地均匀。千万不要购买颜色不均匀的猪肝。

在烹制之前，最好经过反复清洗及浸泡，去除猪肝中的血沫。

猪肝易熟，在沸水中煮 1～2 分钟能保证最佳口感，不要煮过长时间。

常用电脑的人，可以经常泡些菊杞茶，能起到健目作用。

似火夏日的云淡风轻 马蹄田鸡凉瓜盅

两广的人把苦瓜称为凉瓜,是因为以前的人不允许以味来命名瓜果,又嫌苦字难听,就称凉瓜。老人家常说夏天要吃苦,因为苦口良药,但几乎没有一个人天生爱吃苦。对苦瓜的苦味肯定是突然开窍,一夜之间爱上,从此不忘。东北人吃乱炖苦瓜,江南人清炒苦瓜,客家人苦瓜酿肉,只有两广地区爱喝靓汤的人们发现了苦瓜煲汤,不仅完全尝不到苦瓜的苦,汤清澈且甘甜,是炎炎夏日靓汤首选,特别是用田鸡来搭配,取田鸡之甘,搭苦瓜之苦,口感更清淡,似火夏日也能感受到云淡风轻的凉意。

🍅 **食　材** 中等大小田鸡2只、凉瓜1根、马蹄4个

🔪 **调　料** 盐2克、料酒适量、姜丝、生抽少许、冰糖2颗

✒ **做　法**

1　准备好食材,苦瓜洗净,马蹄去皮
　　备用。

2　田鸡请店家代为宰杀去皮,斩件
　　后加盐、料酒、生抽、姜丝调味腌
　　制15分钟。

3　凉瓜切成大段,挖空内瓤。

4　把腌制好的田鸡塞入凉瓜内。

5　取一个炖盅,放入凉瓜、田鸡,倒
　　纯净水,以浸泡过凉瓜为准,放
　　马蹄和冰糖,加盖,入蒸锅内蒸
　　2小时。

戏戏叮咛

　　苦瓜雅称"君子菜",在与其他食材搭配时,能够保持自己独特的味道又完全不抢其他食材的味道,是食物中的谦谦君子。苦瓜小炒时选青末黄熟的,其清热消暑功效更明显。煲汤选青皮即可。

　　苦瓜能滋润、白皙皮肤,还能镇静和保湿肌肤,特别是在容易燥热的夏天,敷上冰过的苦瓜片,能立即解除肌肤的燥热。

　　田鸡宜选用养殖的,野生的不要去捕杀,田鸡的皮肤层最多寄生虫,一定要撕去外皮,并且必须煮熟、煮透才能食用。

微酸已经是最好 酸沙梨排骨汤

广西人最爱吃酸嘢,以前与友人们去逛街,最是喜欢在逛累时,找个酸嘢摊,酸萝卜、酸莲藕、酸芒果、酸木瓜、酸桃、酸梨……多到只有你想不到的,买一些抢来抢去地吃,好是开心。不过,现在一见酸字,牙根就隐隐发软,岁月不饶人,心酸;而酸,何尝不是人生最神奇的一种经历?谁不是在最好的年华,才有资格品尝到酸酸的滋味。到了一切尘埃落定,回过头去看看,那些风花岁月的故事,你我相似,又不尽相同,却都是还未真正懂得,遗憾已经尾随一生了。

或者,微酸已经是最好了。

🍊 **食 材** 排骨 500 克、酸沙梨 1 个、桂圆干适量

🧂 **调 料** 盐 4 克、生抽 3 克、料酒 10 克、生姜一小块

🔪 **做 法**

1 准备好食材。

2 排骨斩件,加入盐、生抽、料酒腌制 30 分钟。

3 30 分钟后,将排骨放入煲汤沙锅中,加入生姜和适量的清水,置于灶上,大火煮沸,撇去浮沫,转成小火煲 40 分钟。

4 长时间煲汤一般都会有汤水减少的问题,可以将一张厨房吸油纸放在沙锅口,用两根筷子压平,这样就可以很好地防止汤水减少了。

5 等锅里的汤变白、变浓后,将酸沙梨切滚刀块,和桂圆干一起,倒到沙锅内,再用小火炖半小时,即得酸甜可口的汤水,可以适当加些盐调味。

戏戏叮咛

沙梨是一种温带水果,果肉质感要比雪梨粗,因此被人们形象地称为沙梨。由于口感略差,所以在岭南一般加盐腌制成酸沙梨食用。

用腌制的水果煲汤,是岭南汤水的一种特色,腌制过的水果比较紧实,不像新鲜水果那样煲的时间一长就会蔫散,而且酸水果煲汤也别有风味。

桂圆可以起到中和酸味的作用,但不要放太多了,一锅汤中 5～6 颗为限,以免影响酸沙梨的味道。